青少年综合素质培养课

青少年

创造力培养课

思考

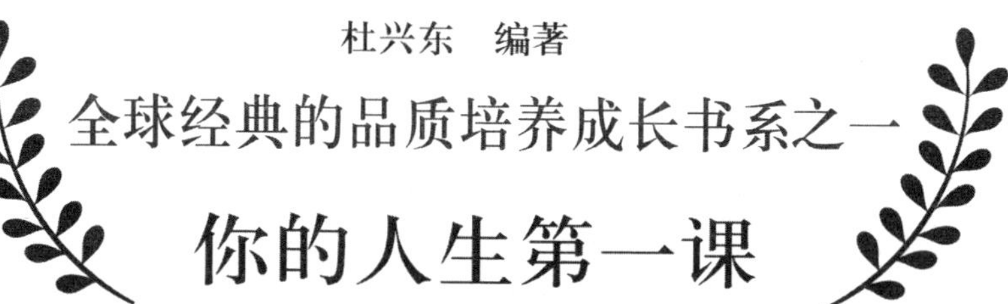

杜兴东　编著

全球经典的品质培养成长书系之一

你的人生第一课

北京出版集团
北京出版社

图书在版编目(CIP)数据

青少年创造力培养课．思考／杜兴东编著．— 北京：北京出版社，2014.1

(青少年综合素质培养课)

ISBN 978－7－200－10276－5

Ⅰ．①青… Ⅱ．①杜… Ⅲ．①青少年—创造能力—能力培养 Ⅳ．①G305

中国版本图书馆 CIP 数据核字(2013)第 282108 号

青少年综合素质培养课

青少年创造力培养课　思考

QING-SHAONIAN CHUANGZAOLI PEIYANGKE　SIKAO

杜兴东　编著

*

北京出版集团
北京出版社
出版

(北京北三环中路 6 号)

邮政编码：100120

网　址：www．bph．com．cn

北京出版集团总发行

新华书店经销

三河市同力彩印有限公司印刷

*

787 毫米×1092 毫米　16 开本　11.25 印张　170 千字

2014 年 1 月第 1 版　2023 年 2 月第 4 次印刷

ISBN 978－7－200－10276－5

定价：32.00 元

如有印装质量问题，由本社负责调换

质量监督电话：010－58572393

责任编辑电话：010－58572775

前　言

也许你不会轻易相信，仅仅用头脑想象完美的动作就可以提高运动成绩。为了证实想象力的威力，研究人员以改进投篮技巧为试验方式，将被试验的学生分成3组。第一组学生在20天内每天练习实际投篮；第二组学生不做任何练习；第三组学生每天花10分钟想象练习投篮，如果投篮不中时，他们便在想象中纠正自己的动作。

研究人员分别记录下3组学生第一天和最后一天的投篮成绩，结果发现：第一组的学生每天实际练习20分钟，20天过去了，进球率增加了24%；第二组的学生因为没有练习，所以也没有任何进步；第三组学生每天花10分钟的时间来想象练习投篮20分钟的情景，最后进球率增加了26%！比每天练习实际投篮的学生进步得更快。这表明，想象力的作用无法比拟，不可忽视。

有一位高尔夫球手，他的成绩总是在90杆左右徘徊。一场战争后，他沦为一名战俘，被关在狭窄阴暗的牢房中，而且身体状况每况日下，那7年里他没有再碰过球。

在头7个月里，他天天祈祷以求获释，当一切已然绝望后，他决定找一个办法让自己生存下去。在那狭小的牢笼里，他决定用想象去打高尔夫球。7年间，他每天都在脑海中打一次18洞的高尔夫，而且想象每一个具体细节——天气、赛程、服饰、树木、发球区以及旗杆的位置。同时，他进一步想象击球的每一细节，用眼睛盯着球，背部摆动挥杆，于是球在空中划过完美的弧线。

他就这样用想象去打这 18 洞球，用与实际打球所花时间相同的 4 小时想象完成整个过程——7 年后，当他重回高尔夫球场时，他居然打出了 74 杆的好成绩。

爱因斯坦曾说，想象力比知识更重要。想象力从哪里来？从独特的思考角度和思维方式中来。普通人之所以没有拥有像爱因斯坦那样天才式的大脑，其中一个最重要的原因就在于——大脑思维。纵观当今各阶层领袖人物，思维大师、数学家、逻辑学家、诡辩家、侦探大师、艺术家、商业领袖，甚至普通行业里的优秀人物，哪一个是人云亦云、不善思考、不善运用思维的人？正是良性的思考力，让他们在万千世界诱惑中找到并塑造了属于自己的成功领域。

随着科学的发展和研究的深入，许多全新的思考训练模式相继问世，在全球范围内掀起了一场场思维风暴，人类对大脑潜能的开发也逐渐进入了一个全新的阶段——

《思维导图》——英国著名学者东尼·博赞（Tony Buzan）于 1974 年发明，一问世便引发了一场深刻而广泛的思维革命。

《六顶思考帽》——英国学者爱德华·德·波诺（Edward de Bono）博士开发的一种思维训练模式，或者说是一个全面思考问题的模型。

此外，有许多激发创造性思考的思维方法、左右脑潜能开发的训练方法及解决学习与生活中问题的全新思考方法，本书将为您一并送上……

其实，我们每个人都有思考潜能，只是没有得到充分的发挥，原因就在于缺少有意识的训练。当思维被一种科学的潜意识主导，被一种理性的观念左右时，人生的命运就会从此改变，生命的轨迹势必朝着成功的方向延伸。

现代科学证明，若能改变大脑的思考轨迹及内心的状态，就会影响身体的生化功能和电波传送，因而感觉会变，行为也会变。当大脑处于昂扬状态时，全身的电流便会改变，从而使我们做出先前认为自己办不到的事。从我们所得到的知识及经验中发现，思考的变化，不论是在积极或消极方面，都远比我们所认识的对我们的影响更大。

一位专家在他的著作中曾谈到一些骇人听闻的故事，其中一则描述了巫术的神奇力量。这个故事发生在1925年澳洲的某个土著部落，巫医为一位被俘的敌人进行一项“穿骨术”，使这位受害者相信自己得了可怕的疾病，并且即将死亡。

他原地站着，脸上布满着惊恐，双眼瞪着巫医，两臂高高地挥舞，仿佛要扫去注入他体内的毒素，那样子颇令人怜悯。不久他的面色转白，两眼无神，脸上的肌肉扭曲得都变了形。他想喊叫，可是声音哽在喉间，只见白色的唾沫涌出。他的身子不停地颤动，身上的肌肉控制不住地蠕动。接着他便前后摇动，仆倒在地，神智昏迷。之后没多一会儿他又双手遮眼，呻吟起来。不久他便真的死了。

其实，巫医根本没有碰过那个人，一点都没有，只是这个战俘的思维不断向自己传达“负面暗示”，使思维对身体造成令人不敢置信的恶果，自己杀死了自己，整个过程充分说明了思维状态对行为状态的巨大影响。

因此，我们要拒绝和抛弃那些压抑思维、损害身心的消极暗示，同时尽可能多地从大脑中得到积极暗示，从而获得超强的人生正能量。真诚地希望更多的朋友能够在这场全新的思维风暴中，启迪智慧，提升自我，获得受益一生的思考模式，为自己开创更加辉煌的人生。

本书在编写过程中参考和借鉴了东尼·博赞（Tony Buzan）博士所著的《思维导图》、爱德华·德·波诺（Edward de Bono）博士所著的《六顶思考帽》和《水平思考法》等相关著作。在此一并表示崇高的敬意和最真诚的感谢！

目　录

第九章　聪明大脑的12种思维训练 / 161

第一章

全新思考的9种经典思维法

立体思维

立体思维又称“空间思维”，是一种反映对象整体及其与周围事物所构成立体联系的创造性思维方法。它要求人们跳出点、线、面的限制，有意识地从上下、左右、四面八方去考虑问题，让思维在立体空间中遨游。

立体思维被广泛应用于我们的生活中，如，人们现在利用楼顶建立的“空中菜地”“空中花圃”等，就是立体思维的具体运用。再如，研制导弹和卫星时，往往需要几十万个甚至几百万个电子元件，科学家通过立体思维设想，研制了超大规模集成电路，在一块30平方毫米的硅晶片上制成了包含13万个晶体管的电子线路。还有就是利用立体思维构思交通，建成地铁、高架道路、立交桥等，有效地解决了交通问题。

一位心理学家曾经为某500强企业的员工出过这样一个测验题：在一块土地上种植4棵树，使得每2棵树之间的距离都相等。受试的员工在纸上画了一个又一个的几何图形：正方形、菱形、梯形、平行四边形……然而，无论什么四边形都不行。这时，心理学家公布出了答案，其中一棵树可以种在山顶上！这样，只要其余三棵树与之构成正四面体的话，就能符合题意要求了。这些员工考虑那么长时间找不到答案，原因在于他们没有学会使用一种创造性的方法——立体思维法。

人们进行思维活动时总会受过去的生活经验和已有思维方法的影响。对于这些受试者来说，平面几何是他们比较熟悉的知识。所以，当他们碰到几何问题的时候，往往先从平面几何而不是立体几何的角度进行思考。这时，他们所牢固掌握的平面几何也就成了他们思考问题的框框，也就想不出正确的结果来。

立体思维要求人们跳出点、线、面的限制，有意识地从上下、左右、四面八方各个方向去考虑问题，也就是要“立起来思考”。其实，有不少东西都是跃出平面、伸向空间的结果。小到弹簧、发条，大到奔驰长啸的列车、耸入云天的摩天大厦……最典型的要数集成电路了。在电子线路板上也制造出了立体形，它不仅在上下两面有导电层，而且在线路板的中间设有许多导电层，从而大大节约了原材料，提高了效率。

如果把人们习惯的思维层面作为平面层次的话，那么，立体思维者是站在更高思维层面上看平面层次上的问题，这样立体思维者的眼界、解决问题的途径自然要比平面思维者开阔得多。

在现代艺术史上，任何雕塑作品的影响都没有《思想者》那么大。《思想者》是罗丹在1880年创作的，先是泥塑的，后来由石膏模子铸成青铜像，高仅72厘米，全世界仅有56尊。1902年，罗丹应雕塑家亨利·勒博塞的要求，制作了“巨无霸”式的《思想者》，高2米，重700公斤。现在，已知的“巨无霸”式《思想者》雕像仅仅有22尊。据拍卖商估计，如果一个真品在市场上拍卖，至少可以卖到1000万美元。

《思想者》是一件雕塑作品，栩栩如生，是作者立体思维的再现。《思想者》在思考什么呢？作者给我们留下了十分广阔的思考空间：如果他是神，那他一定是在想宇宙的创造；如果他是艺术家，他可能是在想艺术创作；如果他是科学家，他一定是在想未来的世界到底是什么样子。总之，想什么并不重要，问题在于观赏者本人，你认为他在想什么。也许，这才是作者创作的主要目的。

美国有一家大百货公司，门口的广告牌上写着：无货不备，如有缺货，愿罚10万元。

一个法国人很想得到这10万元，便去见经理，开口就说：“潜水艇在什么地方？”

经理领他到第18层楼，当真有一艘潜水艇。法国人又说：“我还要看看飞船。”经理又领他到第10层楼，果然有一艘飞船。法国人不肯罢休，又问道：“可有肚脐眼生在脚下面的人？”他以为这一问，经理一定被难住。经理一时抓耳挠腮，无言以对。这时，旁边的一位店员应道："我做个倒立给这位客人看看！"

这位店员跳出了常规思维，轻松解决了貌似无法做到、难以解决的问题。

在立体思维者眼中，没有什么问题是孤立存在的，他们总是习惯站在一定的高度，把具体问题和许多与之相关的因素一同加以审视。大凡真正具有智慧的人，都不会在所谓的阴影或困境中怨声载道，而是充满信心地从中寻找新的有利条件。

思考与互动

学习和生活中，我们怎样掌握和运用立体思维呢？

（1）养成整体看问题的习惯，克服平面思维的单一性。我们从小就习惯一个问题一个答案，在平面上考虑问题，将问题静止地摆在面前以求解决，且所受的教育多属集中思维，思维形式单调。以上种种原因，使我们形成了极为狭窄的解决问题的模式，而且已形成思维定式。因此，要练习立体思维，就要突破这种思维定式，养成整体看问题、在立体中思考问题、在动态中看问题的习惯。

（2）养成多角度看问题的习惯，克服平面思维的片面性。一个有较多空间结构知识、熟悉各种空间几何图形的人，比一个只有较少平面结构知识、只了解一些平面几何图形的人，想象能力要丰富得多。

（3）养成勤于动手、勇于实践的习惯，克服好高骛远的思想。

系统思维

系统思维是一种模式思维，它不同于创造性思维或形象思维等本能思维形态，系统思维是指在考虑解决某一问题时，不是把它当作一个孤立的、分割的问题来处理，而是当作一个有机、关联的系统来处理。

系统思维把客观世界的“联系”转化为多层次、多方法、多因素、多变量的动态联系整体，揭示出“联系”“关系”在事物存在、运动和发展中的作用，以实现“整体大于部分的简单总和”的效应。

系统思维，事半功倍

北宋真宗年间，汴梁皇宫被大火烧毁，大臣丁渭受命修复宫殿。他的具体做法是：先把宫前大街挖成沟渠，取土烧砖；再引开封附近汴水入沟，将上游木材水运至宫门；竣工后，将废料填回沟渠，修复大街。此施工方案可谓是“一举而三役济，计省费以亿万”。

丁渭修宫时将原材料准备、运输、废弃物处理，这些看似无关的环节作为一个系统工程整体思考，综合利用各种资源，一举三役。即通过挖水渠取土，既能解决材料问题，又能解决材料运输，最后还能填埋建筑垃圾。

要运用系统思维做出完美的策划，就必须有整体观、全局观，着重看面，不是看点，要考虑到方方面面，找出所有的关联点。

1997年，世界卫生组织宣布要在非洲消灭疟疾。但是8年后，非洲的疟疾发病率不但没有消灭，反而整整提高了5倍。为什么初衷很好，但造成的后果更加严重呢？原因是，因为世界卫生组织在制定目标之后，开始大量采购一家日本公司的药品，导致当地生产疟疾药物的厂商纷纷倒闭，进而导致当地一种可以治疗疟疾的植物无人种植，结果预防疟疾的天然药物由此消失。

管理学大师彼得·圣吉总结认为，造成这个结果的重要原因在于世界卫生组织没有做出系统性的思考，只治标不治本。他们没有看到种植治疗疟疾的作物的农民也在其中起作用，更没有意识到预防疟疾的天然药物到底起什么作用，如果盲目地采用外来的系统，而不考虑原来的体系的话就只能是适得其反。

美国有一家专门经销煤油及煤油炉的公司，创立伊始，大量刊登广告，极力宣扬煤油炉的诸多好处，但收获甚微，产品几乎无人问津，货物大量积压，公司濒临绝境。有一天，老板突然灵机一动，叫来手下员工，让他们登门向住户无偿赠送煤油炉。员工们大惑不解，以为老板抽风了，看着老板那诡秘的神情，只得依令而行。

住户们得到无偿赠送的煤油炉，真是大喜过望。知道消息的另外一些人也争着给公司打电话，索要煤油炉，不久公司的煤油炉赠送一空。

当时还没有煤气、电饭锅、微波炉等现代化的炉具，人们只能用木柴和煤做饭。这时，煤油炉的优越性就明显地显现出来了，家庭主妇们简直一天也离不开它了。很快她们便发现煤油烧完了，只能自己到市场上去买。当时煤油价格并不低，但已离不开煤油炉的人们也只得掏腰包了。再后来，煤油炉也渐渐用旧了，于是只好买新的。这样，这家公司的煤油和煤油炉便畅销不衰了。

这种运用系统思维设下的“圈套”令人叫绝！

回顾整个策划，一环扣一环，都是系统思维的结果。

我们常常看到这样的情况：面对同一种工作，有的人无从下手，有的人却可以做得很好，其中的关键差别就在于能不能用系统和全局的眼光去看待问题，用创新的思维去思考问题，并积极地寻找解决问题的方法。如果这些能力都具备了，还有什么工作是做不好的呢？

一次，“酒店大王”希尔顿在盖一座酒店时，突然出现资金困难，导致工程无法继续。在没有任何办法的情况下，他突然心生一计，找到那位卖地皮给自己的商人，告知他自己没钱盖房子了。地产商漫不经心地说：“那就停工吧，等有钱时再盖。”

希尔顿回答：“这我知道。但是，假如老盖不下去，恐怕受损失的不止我一个，说不定你的损失比我的还大。”

地产商十分不解。希尔顿接着说：“你知道，自从我买你的地皮盖房子以来，周围的地价已经涨了不少。如果我的房子停工不建，你的这些地皮的价格就会大受影响。如果有人宣传一下，说我这房子不往下盖了，是因为地方不好，准备另迁新址，恐怕你的地皮更是卖不上价了。”

“那你要怎么办？”

“很简单，你将房子盖好再卖给我。我当然要给你钱，但不是现在给你，而是从营业后的利润中，分期返还。”

虽然地产商老大不情愿，但仔细考虑，觉得他说的也在理，何况，他对希尔顿的经营才能还是很佩服的，相信他早晚会还这笔钱，便答应了他的要求。

在很多人眼里，这本来是一件完全不可能做到的事，自己买地皮建房，最后出钱建房的却不是自己，而是卖地皮给自己的地产商，而且“买”的时候不给钱，而是从以后的营业利润中来偿还。但是希尔顿做到了。

为何希尔顿能够创造这种常人不可思议的奇迹呢？

就在于他妙用了一种智慧——系统思维。其中最根本的一条，是他把握了与对方并不只是一种简单的地皮买卖关系，而更是一个系统关系——他们处于一损俱损、一荣俱荣的共同利益系统中。

系统思维充分利用了事物间的关联性，在看到“树木”的同时，能够看到“森林”，而且诸多要素之间是“牵一发而动全身”的关系，所以说，它是一种有效地解决问题的方法。

整合思维

整合思维是一种现代思维方式，其目的在于寻找事物的相同点，反对那种“一叶障目，不见泰山”“只见树木，不见森林”的思维方式。整合思维要求企业和员工在面对市场竞争时善于发现和选择多种优势要素，组合成优质系统，发挥系统的最大功能。

我们经常困惑于这样的问题：为什么一流智商的人要给二流智商的人打工？为什么很多人知识广博却一事无成？为什么很多没有接受学校正规教育的人却拥有高强的本领？其实，根本问题不是智商知识的差别，而是思维方式的差别，一个善于变通、善于整合的人，即使知识相对薄弱，也可以成就大业。一个人的成功，并不是完全靠自己，更要靠整合各种资源，充分调动别人的积极性来完成。从这个意义上说，整合思维是一个优秀的企业家和员工必须具备的思维方式。

整合思维要求企业和员工善于寻求不同整合对象与本组织的利益共同点，构建一种对各类整合对象都有吸引力和向心力的利益目标，达到相依相存、共生共荣的目的。

只要有效整合，任何事物的价值都可以提升几倍甚至几十倍。

在美国乡村，住着一个老头，他和儿子一起相依为命。突然有一天，一个人找到老头，对他说："尊敬的老人家，我想把你的儿子带到城里去工作。"老头气愤地说："不行，绝对不行，你滚出去吧！"这个人说："如果我在城里给你的儿子找个对象，可以吗？"老头摇摇头："不行，快滚出去吧！"这个人又说："如果我给你儿子找的对象，也就是你未来的儿媳妇是洛克菲勒的女儿呢？"老头想了又想，终于被让儿子当"洛克菲勒的女婿"这件事情说动了。

过了几天，这个人找到了美国首富、石油大王洛克菲勒，对他说："尊敬的洛克菲勒先生，我想给你的女儿找个对象。"洛克菲勒说："快滚出去吧！"这个人又说："如果我给你女儿找的对象，也就是你未来的女婿是世界银行的副总裁，可以吗？"于是，洛克菲勒同意了。

又过了几天，这个人找到了世界银行总裁，对他说："尊敬的总裁先生，你应该马上任命一个副总裁！"总裁先生摇着头说："不可能，这里有很多副总裁，我为什么还要任命一个副总裁呢，而且必须马上？"这个人说："如果你任命的这个副总裁是洛克菲勒的女婿，可以吗？"总裁先生当然同意。

这就是一个资源整合的故事，资源整合把一个农民的儿子既要变成"洛克菲勒的女婿"，又要变成"世界银行的副总裁"。

这虽然是一个小故事，却是当代商业高手及企业家争夺资源、配置资源的形象比喻！

整合思维的实质是优势资源的互补，这种资源既包括物质资源，也包括知识资源，即一切可被利用的资源都是整合思维的整合对象。

均衡思维

在复杂的利益关系中，擅用均衡思维，找到平衡双方的牵制点，你就可以占据主动，无往而不利。

《三国演义》中的诸葛亮可谓运用均衡思维的代表人物。相信大家都熟悉“捉放曹”的故事。赤壁之战，曹操败走华容道，接连遭遇赵子龙和张飞的军队，拼死抵挡才得以逃脱，没想到在最后关头又遇上了关羽的人马。曹操哀求关羽放行，关羽念其旧日恩情，放曹操逃走。

乍看之下，诸葛亮派关羽把守最后一道关口，真是失策，令人扼腕叹息。

细想来，诸葛亮不会不知道关羽是重情重义之人，让他守最后一关其实是故意放走了曹操。

当时刘备、曹操、孙权三雄之中，曹操的势力最强，而刘备的势力最弱。曹操不仅在兵力上占据优势，而且因“奉天子以令不臣”，在政治上也占尽优势。孙权与曹操周旋，无暇顾及刘备。此时如果除掉曹操，孙权的矛头便直指刘备，而此时的刘备无丝毫还手之力，势必为孙权所害。

因而，对于刘备而言，此时的曹操可败，却绝对不可死。

正是出于这样的考虑，诸葛亮精心安排了华容道的部署，既放过了曹操，又不被人识破自己实力虚弱的真相，绝对逼真而不露丝毫破绽，只可惜了关羽至死都还蒙在鼓里，对诸葛亮的不杀之恩感激不尽。

大家耳熟能详的“空城计”，则是司马懿巧妙运用了均衡思想。

马谡失守街亭，司马懿率领15万大军直取蜀军根据地西城。而此时的西城，仅剩下些老弱残兵，与曹军抗衡可谓以卵击石。

下面的情节大家都很熟悉，诸葛亮大开城门，令士兵化装成老百姓，在城门之下低头打扫，自己在城门之上焚香操琴。司马懿兵临城下，见诸葛亮神情自若，众老军旁若无人，心想："亮平生谨慎，不曾弄险。今大开城门，必有埋伏。我兵若进，中其计也，宜速退。"诸葛亮正是利用了司马懿的这种认知误区，不废一兵一卒抵挡住了魏军的进攻。

实际情况真是这样吗?

当时司马懿树敌众多，做事常常受多方牵制。曹操在世时，就对司马懿有着高度戒心，"司马懿鹰视狼顾，不可付以兵权，久必为国家大祸。"曹睿继位后，诸葛亮利用曹睿对司马懿的猜疑，使了个"反间计"，把这位堂堂的大将军给拉下了马。幸亏曹睿顾惜司马懿是个难得的将才，力保司马懿，司马懿这才捡回性命，回家养老去了。待到诸葛亮出祁山伐魏，屡败曹军，曹军上下无人能与之抗衡。魏主不得不重新起用司马懿。

经此番起起落落，司马懿心中明白，自己之所以能临危受命，从某种意义上讲，全是因为有了诸葛亮，有诸葛亮的一天，魏主就得用司马懿一天。一旦真的制伏了诸葛亮，魏国面临的大敌就不复存在了，自己也便失去了利用的价值，只剩下死路一条。

因此，久经沙场的司马懿其实早已识破了诸葛亮的"空城计"，但同时他深谙"狡兔死，走狗烹""飞鸟绝，良弓藏"的道理，除去诸葛亮之时，便是他司马懿的死期到来之日。

同样，诸葛亮也洞悉了司马懿的心思，才能临危不惧——这就是双方之间的均衡状态。

诸葛亮与司马懿正是充分运用了均衡思维才得以在相互依存中和谐相处。同样，天地万物，相生相克，事物之间皆是彼依于此而此依于比，相互牵制而达到均衡的状态。

发散思维

著名的心理学家吉尔福特曾经说过："人的创造力主要依靠发散思维，它是创造性思维的主要部分。"科学家哈定也曾经指出："所有创造性的思想家都是幻想家，而幻想主要是靠发散性思维。"

发散思维就是撇开常规思路，尝试从多个角度考虑问题，从他人意想不到的"点"去开辟问题的新解法。其首要要素便是要找到事物的这个"点"进行扩散，这个"点"可以是事物的功能、结构、材质、形态等方面，找准了"扩散点"，就可以灵活地进行扩散训练，开发我们的发散思维能力。

方法1：功能发散法

从某种事物的功能出发，想出可以实现该功能的其他方法。

例如，你可以想到很多种方法达到照明的目的。可以开电灯、可以点蜡烛、可以用手电筒、可以点火把、甚至用镜子反射太阳光，如果细心地逐一思考，会发现方法有许多。

方法2：组合发散法

以某一事物为扩散点，尽可能多地设想它与另一事物组合而形成具有新功能、新价值的新事物的各种可能性。

例如要开发新的方便快餐品种，可以从快餐的口味、原材料、包装形式及目标顾客群4个维度展开分析。

快餐的口味可包含咖喱味、麻辣味、牛肉味、排骨味、鸡肉味、鱼香味、葱香味等；原材料可以选择大米和面条两大类，其中大米可有粳米、黑米、小米、黍米、米加绿豆、米加黄豆、米加红豆、米加枣等，面条又可有芹菜面、绿豆面等；包装形式可选择长方形、正方形、碗状、筒状；目标客户群可细分为儿童、青年、中年和老年。这样就有7种口味、10种原材料、4种包装、4类客户群，可产生1120

种组合。

发明创造并不一定要创造全新的东西，也可以是旧东西的重新组合，创新之处就在于通过发散思维找到了原本不相干的事物间的巧妙的组合方式。

方法 3：材料发散法

以某个物品为“材料”，尽可能多地设想它的多种用途。

在一次部门的头脑风暴活动中，大家就“回形针到底有多少用途”引发了激烈的讨论。大家纷纷提出自己所能想到的用途：可以用来把纸张和文件别在一起，可以用作发夹，可以代替别针，可以拉直了用作粗织工的针或织针，可以当鱼钩，等等，加起来总共有 20 种。

这时，经理竖起 3 个指头，说回形针的用途至少有 300 种，大家无不感到惊讶。说完后经理当场通过幻灯片，展示出回形针的众多用途，并补充说，如果借助信息标与信息反应场，回形针的用途可以达到 3000 种甚至 3 万种！整个会场轰动了。

方法 4：结构发散法

以某事物的结构为发散点，设想出利用该结构的各种可能性。

例如，北戴河孟姜女庙前檐柱上有一副对联，上下联分别如下：

海水朝朝朝朝朝朝朝落

浮云长长长长长长长消

这副对联的特别之处在于，对联中有两个多音字。“朝”字可以有两个读音，分别表示两个意思：表示早晨的“朝”和表示潮水的“潮”；“长”也有两个读音：表示长短的“长”和表示涨潮的“涨”。一天，前来游玩的一家三口便对此议论开了：

爸爸认为，这副对联可读成：

海水朝朝潮，朝潮，朝朝落；

浮云长长涨，长涨，长长消。

妈妈认为，这副对联可读成：

海水朝潮，朝朝潮，朝朝落；

浮云长涨，长长涨，长长消。

这时，女儿却说，这副对联应该这样读：

海水潮，朝朝潮，朝潮朝落；

浮云涨，长长涨，长涨长消。

其实，爸爸、妈妈和女儿的读法都没有错，他们只是以对联的结构为发散点，充分利用自己的发散思维，做出了不同的处理，使得同一副对联表达出了3种不同的意境。

方法5：形态发散法

每种事物都具有独特的形态特征，包括形状、颜色、音响、味道、气味、明暗等，形态发散法即以事物的形态为扩散点，设想出利用某种形态的各种可能性。

例如，“O”是什么？

在天文学家眼里，它是天体，可能是太阳、满月、地球、卫星等；

在主妇眼里，它是器皿，可能是碗口、圆罐、盘子、脸盆等；

如果它是果实，它可能是苹果、葡萄、柚子、西瓜等；

还可以是鸡蛋、硬币、乒乓球、救生圈等。

方法6：因果发散法

以某个事物发展的起因做扩散点，推测可能发生的各种结果，或者以结果为扩散点，推测造成此结果的各种原因。

例如，使玻璃杯破碎的原因有哪些？答案可能是多种多样的，如杯子里的水结了冰，杯子被涨碎了；手没有抓稳，掉在地上磕碎了；被某种东西敲碎了；被重物压碎；等等。

多数人惯于采用直线式的思维，而创意连篇的人的思维是从一个点向四周发散开来，通过搜索所有的可能性，激发出一个全新的创意。这个创意重在突破常规，它不怕奇思妙想，也不怕荒诞不经。沿着可能存在的点尽量向外延伸，或许一些从常规思路出发看来根本办不成的事，其前景便也会柳暗花明、豁然开朗。

思考：砖的用途有哪些

5分钟之内，你能列举出多少种“砖”的用途？

下面是很多人一起想到的答案，看看你是不是比他们想到的更多呢？

1. 建筑（各类）
2. 压水龙头
3. 当哑铃锻炼
4. 敲门砖
5. 当秤砣
6. 气功表演（砸砖）
7. 垫车脚（刹车）
8. 堵鼠洞
9. 当板凳
10. 儿童积木
11. 当球门
12. 压东西
13. 堵烟筒
14. 杠杆支点
15. 磨粉冲辣椒粉
16. 自卫武器
17. 门开关定位
18. 垫路、铺路
19. 担子平衡物
20. 做绘画颜料
21. 做装修涂料
22. 做几何教具
23. 当粉笔
24. 当尺测量
25. 粉碎喂鸡
26. 砖雕艺术品
27. 丢砖游戏
28. 做多米诺骨牌
29. 做记录（刻字）
30. 做刑具（老虎凳）
31. 当锤子
32. 测水深
33. 化学试验材料
34. 当棋子
35. 卖钱
36. 做吸水剂
37. 绊人
38. 挂砖潜水
39. 做模具
40. 磨刀
41. 做乐器
42. 做铅锤
43. 测压力、重力
44. 做奖牌
45. 烧红治病
46. 垫高
47. 航天试验材料
48. 过滤东西
49. 图腾象征
50. 做机器零件
51. 做首饰
52. 发泄闷气
53. 磨粉做假药面
54. 当枕头
55. 当路标

……

趣味训练

（1）有一天，一个小伙子开车进城，在半路上遇见了自己尊敬的老师，需要搭便车回市区；同时有一个孕妇请求他载一程，去做常规检查。他们都很着急，就在他很犹豫先载谁的时候，他看到自己的好朋友，恰巧好朋友也在等车回去。他这下更不知道怎么做了，如果是你，你会怎样做？

【答案】

这道题没有固定答案，只有一种建议：让老师开车送孕妇去医院，而自己下车和最好的朋友一起等公交。

很多事情的答案都不止一个，最好的那个，往往需要我们突破常规的思维。

（2）相邻的A国和B国交恶。某日A国宣布："今后，B国的1元钱只折我国的9角。"B国于是采取对等措施，也宣布："今后，A国的1元钱只折我国的9角。"

但是，住在边境的某个人想利用这个机会赚一笔，并且成功了。

请问，他是怎么做的？

【答案】

首先，在A国购买10元钱的东西，付一张A国的百元纸币，然后要求：请找给我B国的百元纸币。本来应该找给他90元A国的纸币，刚好折合B国的100元。

他再拿着这张B国的百元纸币到B国去购买10元钱的东西，照样要求用A国的百元纸币找零。然后，他再回到A国……

（3）李医生刚刚申请开了一家小药店，手头只有一架天平，一只5克和一只30克的砝码。一天，店里来了一位顾客，要购买100克某贵重药粉。如果用30克砝码称三次，再用5克砝码称两次，共五次称出100克药粉。可是，药店生意繁忙，顾客又希望越快越好。称一次无论如何也无法称出100克。那么，你能想一种快速称出100克药粉的方法吗？

【答案】

将5克和30克的砝码放在天平一端，先称出35克药粉，再将这35克药粉和30克砝码放在天平一端，又可称出65克药粉，这样就总共称出药粉：$35+65=100$（克）。

（4）3个人住宿，每人10元钱，将30元钱交给服务员后，再交到会计那里去。会计找回5元钱。服务员中间私吞了2元钱，只还给他们3元钱。

3人分3元钱，每人退回1元钱，合计每人付了9元钱，加在一起共27元钱。再加上服务员私吞的2元钱，一共29元钱。怎么也与付账的钱对不上。

是哪里出了问题呢?

【答案】

3 个人开始拿出 30 元钱，后退回 3 元钱，其结果是 3 人负担 27 元钱。

其 27 元钱的清单是会计收取 25 元钱和服务员私吞的 2 元钱，正好与付账的钱一致。服务员私吞的 2 元钱，包含在 3 人负担的 27 元钱内。

会计收取的 25 元钱 + 服务员私吞的 2 元钱 =3 人负担的 27 元钱。

因此，3 人负担的 27 元钱，加上服务员私吞 2 元钱的 29 元钱的数字，实际上没有任何意义。所以说，30 元钱与这 29 元钱的差额的 1 元钱是无意义的。

动态思维

哲学上讲，任何事物都不是绝对静止的，万物皆在变化，因此我们要用动态的思维去考虑问题。

甲对乙提议说："从现在开始的两个月内，我每天给你 10 万元，你第一天只给我一分钱，但之后的每天比前一天加一倍。你看如何?"乙窃喜，心想占了大便宜，于是一口答应。第十天时，乙已经得到了 100 万元，而自己只付出 5 元钱，乙非常高兴。没想到随着时间的推移，乙开始后悔了，发现自己付给甲的钱如雪球般越滚越大，就快要入不敷出了。知道第 60 天时乙应当付给甲多少钱吗? 2500 亿元都不够!

乙之所以吃亏，正是因为没有意识到发展的事物和停滞的事物在本质上的区别。孕育着变化和发展的时间是非常神奇的，一切动态思维的发展都是难以估量的。

动态思维是一种用变化发展的眼光看世界的方法，运用到生活中，就具有积极的意义。

某地主要出产土豆和豆角。有一年，市场上土豆卖得出奇的好，一个农民由于种了许多土豆而大赚了一笔，那些没有种土豆的人抱怨自己失去了一次发财的好机会，第二年都把原来种豆角的地改种了土豆。结果种土豆的人太多，市场上土豆出现严重的供大于求的现象，土豆价格暴跌，大家都损失惨重。

唯独有一个人不但没有亏损，就是那位第一年种土豆发财的农民，他见别人都种土豆，转而改种了豆角，结果又大赚了一笔。

人和人的区别往往就在于此，有的人走一步看一步，有的人走一步看十步，这就是动态思维体现出的前瞻性的积极态度。

1937年美国人卡尔逊发明了静电印刷术，然而当时这项技术没有受到科技界和企业界的重视，唯独纽约州哈雷施乐公司的领导人独具慧眼，认准了这项发明前途无量。他认为，静电印刷术可以摒弃蜡纸刻写，告别油墨印刷，极大地提高办公效率。因此，施乐公司不惜投资500万美元，组织技术力量研制复印机。经过长达10年之久的攻关，终于研发出第一台可以使用普通纸的施乐复印机，为施乐公司带来了巨大的利润。

一项好的创意往往就源于对事物发展趋势的正确预测，即对事物动态发展规律的正确把握。

平面思维

什么是平面思维呢？著名思维学家爱德华·德·波诺的解释是："平面"是针对"纵向"而言。纵向思维主要依托逻辑，只是沿着一条固定的思路走下去，平面思维则偏向多思路地进行思考。为此，他打了一个通俗的比方：

在一个地方打井，老打不出水来。按纵向思维思考的人，只会嫌自己打得不够努力，而增加努力程度。按平面思维法思考的人，则考虑很可能是选择打井的地方不对，或者根本就没有水，或者要挖很深才可以挖到水，所以与其在这样一个地方努力，不如另外寻找一个更容易出水的地方打井。

“纵向”总是放弃其他可能性，所以大大局限了创造力。而“平面”不断探索其他可能性，所以更有创造力。

古时候，一个村落的几名勇士结伴前往远方的一座神山，据说在那里可以祈求到神灵最灵验的保佑，到达那里的人能够成为最幸福的人。

在前往神山的途中，勇士们的面前横着一条大河，河很宽，水很深，难以徒步渡过。

但是最后，勇士们都跨过了这条河，且用的方法都不相同：有的人是游泳高手，他在自己体力最好的时候游了过去；有的是木匠，他就地取材，制作了一艘小船；有的人沿着河走到了有村落的地方，他相信那里会有桥，果然，被他猜中了；还有的人干脆坐在那里等待，最终等到河水结成了冰，他也成功地到达了彼岸。

这个故事告诉我们一个简单的道理：通往成功的道路并不只有一条。有时，当我们在一条路上受阻时，可以尝试运用平面思维法，独辟蹊径，从而达到我们的目标。

当你面对困难，无法运用常规的办法或思路来解决问题时，你是否想过，有另外一条道路可以通向答案呢？

1956年，松下电器与日本生产电器精品的大孤制造厂合资，设立了大孤电器精品公司，制造电风扇。当时，松下幸之助（以下简称松下）委任松下电器公司的西田千秋为总经理，自己任顾问。

这家公司的前身是专做电风扇的，后来开发了民用排风扇。但即使如此，产品还是显得很单一。西田千秋准备开发新的产品，于是，试着探询松下的意见。松下对他说：“只做风的生意就可以了。”

当时松下的想法，是想让松下电器的附属公司尽可能专业化，以图有所突破。可是松下电器的电风扇制造已经做得相当卓越，颇有余力开发新的领域。尽管如此，西田千秋得到的仍是松下否定的回答。

然而，西田千秋未因松下这样的回答而灰心丧气。他的思维极其灵活与机敏，他紧盯住松下问道："只要是与风有关的，任何事情都可以做吗?"

松下并未细想此话的真正意思，所以回答说："当然可以了。"但西田千秋所问的与自己的请示很吻合。

四五年之后，松下又到这家工厂视察，看到厂里正在生产暖风机，便问西田千秋："这是电风扇吗?"

西田千秋说："不是，但它和风有关。电风扇是冷风，这个是暖风，你说过要我们做风的生意，这难道不是吗?"

后来，西田千秋一手操办的松下精工的风家族，产品种类非常丰富。除了电风扇、排风扇、暖风机、鼓风机，还有为果园和茶圃防霜用的换气扇、培养香菇用的调温换气扇、家禽养殖业的棚舍调温系统……

西田千秋只做风的生意，就为松下公司创造了一个又一个辉煌。

的确，如果只在一条路上走，很容易觉得路已经走绝了。但实际上，路的旁边也是路，而且条条都是新的路，只要善于开拓，就能走向成功。

川美子是日本一家内衣公司的职员，她在工作中发现了这样一个问题：顾客在试穿内衣时先要脱外衣，如果试一件不合身接着再试时，是很麻烦的事情，而且多少有些尴尬，并且不少顾客反映试衣室过小、换衣服不方便等问题。

川美子想，如果能在自己家里邀集三五位邻居或女友，一起挑选公司送来的内衣，有中意的式样当场试穿，这种场合气氛亲切，最适宜女性购买内衣。她把这个建议告诉了经理。经理觉得很好，便决定采取这种方式来销售内衣，并配合这种销售方式做出了一些规定：凡是在家庭联欢会上一次购买1万日元以上的顾客，就能获得该公司会员资格，今后购买内衣可享受7.5折的优惠；会员如在3个月内发起家庭联欢会20次以上，销售金额超过40万日元，就能加盟本公司的特约店，可享受6折优惠。如果在6个月内举办家庭联欢会40次以上，销售金额超过300万日元，就能加盟本公司的代理店，享受零售价一半的批发优惠。

采取这种销售方式以后，这家内衣公司获得了迅速的发展。10年以后，该公司年销售额达200亿日元以上，成为日本内衣业的后起之秀，被舆论界称为“席卷内衣业的一股旋风”。

还有哪里比自己家里更自在、舒适？如果将销售从店铺向消费者家中转移会让顾客更加满意，比在店铺内改善试衣室更有效果，还能提高内衣的销售量和销售额。

这个故事再次向我们证明了，并不止一条道理通向成功，当所采取的措施不能收到良好的效果时，不妨运用平面思维法，从其他层面和其他视角入手，“换个地方打井”，往往能够更顺利地推进项目的进程，取得更大的成功。

收敛思维

收敛与发散相对应，是把已知命题作为出发点，遵循传统的逻辑规则，沿着归一的或单一的方向推演，从而找到一种满意的答案。简单地说，发散思维的方向是由中心向四面八方扩散，而收敛思维的方向是由四面八方向中心集中。

相对于发散思维，收敛思维有下述3个主要特点：

（1）单一性和归一性。收敛思维认为在一定的时间、地点和条件下，一个问题的答案、办法和方案，只能有一个是最好的。

（2）严密性和论证性。收敛思维要求把解决的问题纳入传统的逻辑轨道，然后按照传统逻辑规则进行严谨周密的推理论证，必须是按部就班；一环扣一环地展开，不允许用直觉和想象代替推理和论证，更不允许出现思维跳跃。

（3）真理性和求实性。收敛思维要求从客观实际出发，搜集大量的事实材料，然后进行分析、概括，揭示客观事物的本质及其规律性，然后对得出的结论进行实践检验，一旦发现同检验的事实不符合，即返回到问题的起点重新进行认识，以得出最满意的答案。

乍看之下，收敛思维是一种十分保守的思维方式。其实，收敛思维同发散思维一样，也是一种创造思维方式，它们就像是创新思维的两翼。对于创新思维全过程，发散思维与收敛思维都是必不可少的，它们相互联系，相互依赖，相互补充。发散思维所取得的多种答案，只有经过收敛思维的综合、比较、集中、求同、选择，才能加以确定；如果离开了收敛思维，则发散思维的答案无意义也无价值可言。反之，收敛思维必须以发散思维所取得的成果为前提。发散思维提出的多种答案、方案、办法愈多愈广泛，收敛思维的认识就愈全面、选择的机会就愈多，愈容易得出最为满意的答案，也就愈接近客观真理。在创造实践活动中，发散思维和收敛思维是反复交织、相辅相成、缺一不可的。

分合思维

事物的局部与整体之间存在微妙的关系，一分一合，往往能产生创新的效果。

曹冲称象——以“分”制胜

孙权送给曹操一头大象，曹操想知道这头大象的重量，然而没有一个下属知道称象的办法。这时，曹冲走上前说：“先把象放到大船上，在水面所达到的地方做上记号，再让船装载石头，当水面也达到记号的时候，称一下石头的重量，石头的总重量就等于大象的重量。”曹冲此法，即是运用了“分”的思维，将难以称量的整体化为若干份容易称量的小部分。

战争中常常运用的“各个击破”战术，也是一种分的思维。

被马克思誉为“古代无产阶级真正代表”的斯巴达克斯原是一名角斗士。在一场团体角斗中，斯巴达克斯的伙伴相继倒下，最后只剩下他一人对付3个强敌。虽然就格斗技巧而言，这3人中的任何一人都不是他的对手，但是，由于他们对他展开了联合攻击，斯巴达克斯寡不敌众，一时难以应对。

此时，斯巴达克斯突然想出了一个对付强敌的巧招：转身逃跑，逐个应对。3个对手在后面穷追不舍，由于速度有快有慢，很快便拉开了彼此之间的距离。这时，斯巴达克斯迅速反身战斗，打倒了第1个追上来的对手，等到第2个对手追上来，他又打倒了第2个，过了片刻，第3个对手追到面前，他又打倒了第3个，最终取得胜利。

斯巴达克斯利用3个对手奔跑速度的差异，将他们分散开来逐一打败，避免了自己寡不敌众的劣势，从而取得胜利。

“分配”是经济运行的一个重要环节，生产、分配、交换、消费4个环节环环相扣，生产决定后三者，后三者对生产具有反作用，而问题往往是出现在分配上，即分配不公。人们对考核、绩效、分配，这些涉及利益的问题都较敏感，如果先解决认识问题，分配的机制问题，然后来分配，这样，分配的结果认同度就高，矛盾就少。

在分配中，我们往往只注重了“分”，而忽略了“配”；注重了可分配的总量和个体的分量，忽略了分配的结构。

一位农夫一生勤勤恳恳，积攒了不少财富。临终前，他留下一份遗嘱，把自己的全部财产按比例分给3个儿子。按照遗嘱，大儿子可得到全部财产的1/2，二儿子可得全部财产的1/3，三儿子可得全部财产的1/9。

实际上，这个问题之所以是问题，就在于遗嘱有漏洞，因为它的3个比例加起来不等于100%，是一种结构性毛病。农夫死后，3个儿子发现，父亲总共留下了17匹马，根本无法按遗嘱来分配。

3个儿子谁也不愿意少分一点，于是，他们请来村里最有智慧的老人来判定该如何分配。

智慧老人让大儿子分得9匹，他本应分得17匹马中的$8\frac{1}{2}$匹，这样，大儿子多得了$\frac{1}{2}$匹，他很高兴；二儿子分得6匹，他本应分得17匹马中的$5\frac{2}{3}$匹，子显然也多得了$\frac{1}{3}$匹，他也很高兴；三儿子分得了两匹马，他本应分得17匹马中的$1\frac{1}{8}$匹，也多得了$\frac{7}{8}$匹，同样很高兴。

于是，3个儿子不但没有少分，反而都比遗嘱的规定多得了，三人都很满意。

分配的关键就在于，可分的东西不可穷尽，要预留，以作“配”之用。尽量让分配的结果超出预期，所以，一开始不能让人的期望值过高。

创意就是排列组合

组合思维属于分合思维中合的思维，也叫聚合思维。

将若干事物通过一定的方式整合起来，往往就是一种创新。例如，车、炮、盾，一组合就成了坦克；物质激励很好，但是，只有物质的激励是害民政策；精神激励很好，仅有精神的激励是愚民政策。把物质激励与精神激励结合起来使用，并有所侧重，才是好政策。

美国的“阿波罗”登月计划，是当代最大型的发明创造。“阿波罗”计划的负责人直言不讳地说：“‘阿波罗’宇宙飞船所采用的技术，没有一项是新的突破，问题的关键在于，能否把它们精确无误地组合好，实行系统管理。”

科学界的3次技术革命也无一不与组合有关。

第1次大组合是牛顿组合了开普勒天体运行三定律和伽利略的物体垂直运动与水平运动规律，从而创造了经典力学，引起了以蒸汽机为标志的技术革命。

第2次大组合是麦克斯韦组合了法拉第的电磁感应理论和拉格朗日、哈密尔顿的数学方法，创造了更加完备的电磁理论，因此引发了以发电机、电动机为标志的技术革命。

第3次大组合是狄拉克组合了爱因斯坦的相对论和薛定谔方程，创造了相对量子力学，引起了以原子能技术和电子计算机技术为标志的新技术革命。

思维在不断创新，组合在不断进行。

20世纪以后，许多发明创造活动步入了大联合、大发展的新时期。这些对创新、创新思维和创造力的发挥，也到了一个需要创新的时期。一个人闭关修炼而一鸣惊人的创新时代已经过去。原子弹、航天飞机的实验研制，都是数以万计的科学家携手攻关才成功的。诺贝尔获奖者中，团队成功的越来越多了，许多重大的攻关研究都需要团队合作、大兵团作战、多学科交叉融合，甚至需要社会科学、管理科学的介入，需要世界性的大合作，这也许就是组合的魅力。

组合思维和分配在我们的生活和工作中发挥着举足轻重的作用，懂得巧妙合理利用才能更好地服务于分合思维。

第二章

神奇的 6 顶思考帽

一种全面思考问题的模型

6 顶思考帽，是由创造性思维的权威爱德华·德·波诺博士开发的一种思维训练模式。它是一个全面思考问题的模型。6 顶思考帽有不同的颜色，分别代表6 种不同的思维方向，为人们提供平行思维的工具。

白色思考帽　白色是白纸的颜色，代表中性、客观，它关心的是客观的事实和数据；

红色思考帽　红色是火焰的颜色，代表情绪、直觉和感情，它代表的是感性的看法；

黑色思考帽　黑色是法官的长袍的颜色，代表冷静和严肃，它意味着小心和谨慎；

绿色思考帽　绿色是植物和自然的颜色，代表肥沃和生机，它指向的是创造性和新观点；

黄色思考帽　黄色是阳光的颜色，代表乐观和积极，它倾向于寻找事物的优点；

蓝色思考帽　蓝色是天空的颜色，代表组织和控制，它对整个过程进行控制。

“是什么”和“能成为什么”

我们不可能同时对所有方向保持敏锐，做到“眼观六路耳听八方”，这就是6 顶思考帽成为基础思考的原因。在传统的经验中，我们习惯于设立各种标准，将所有新认识的事物归入某一种系统中，这就是逻辑思考中“是什么”的思维结果，它强调分析和判断。但是，思维还有考察“能够成为什么”的一面，它包含的主要是建设性思考和创新性思考，而不强调逻辑。

人们经常会为一些不同的观点发生争执，争执双方都认为自己是正确的。双方都正确的情况确实是可能发生的，只不过他们所看到的是事物的不同侧面而已。

波诺曾讲过一个故事：有个人把自己的汽车一半漆成白色，另一半漆成黑色。他的朋友问他为什么，他说："当我发生车祸的时候，路两边的目击者会在法庭上争论，一边的人会说看到的是白色的车，另一边的人则会争执说是黑色的，这一定很有趣。"争论一般被认为是侵略性和非建设性的，因此，能够考察事物各个方面的平行思维法是非常有必要的，而6顶思维帽正是这样一种思维方法。

平行思考

先来了解一下什么是平行思考。就以刚才那辆汽车的例子，马路两边的人都对这辆车有一个特定的视角，这样就导致了他们的争论。如果运用平行思考，马路两边的人就应该走到路的对面，从两个方向来全面地观察这辆汽车，这时，大家就对这辆汽车有了相同的认识，不会再有争执了。平行思考就是要让每个人无论在什么时候，都看到相同的方向。

6个颜色的帽子代表6个方向，分别是白色、红色、黑色、黄色、绿色和蓝色，它们所代表的方向本章开头已一一列举。我们必须要明白的是，6种颜色的帽子代表的是思考方向而非对事物的描述。描述是指已经发生了什么，而方向是指将要发生什么，就好像"请你往东看"与"你在往东看"是两个不同的概念。

使用6顶思考帽并不是说每个人各自用一个颜色的思考帽来思考，而是说对于某个事物，一个人要在不同的时间选用不同的思考帽，以期对事物做出多角度、多方位的认识，这才是平行思考法。6顶思考帽的方法要求人们在一个时间只做一件事，一个时间用一种颜色，到最后所有颜色的效果都能达到。

6顶思考帽的神奇作用

使用6顶思考帽的思考方法可以节约时间、提高效率，特别是在会议等容易产生争论的场合。在人们以往的开会经历中，当一个人提出观点时，其他人一般都要做出回应，这样一个一个下来，会占用很长时间。使用6顶思考帽，要求把每一种观点都平行排列出来，如果其中两个有冲突，再对它们进行讨论。这样就避免了每一步都存在争论，使讨论的效率大大提高。

使用6顶思考帽，还能消除争论中每个人的自我作祟的心理。自我是人们进行迅速有效的思考的一大障碍，人们总是在思考中倾向于维护自我，甚至把思考当作攻击别人、炫耀自己或者是表达个人对抗的武器。有时候一个人不同意某人的观点，并不是因为这个观点有错，而是他对提出观点的人有意见。使用6顶思考帽，就能避免这一点的发生，因为每个人所做的只是表达自己的观点，而不是讨论别人的。

波诺博士指出，使用帽子这样的比喻，是为了使读者觉得思维方法更加形象，印象更加深刻；用颜色来命名每个思考帽，是因为颜色的象征意义使人们对于思考帽的想象变得容易。

白色思考帽：事实说话

——“我只要事实，不要评价。”

——“请提供数据来支持您的判断。”

——“请不要评估事物发展的方向，事实只能说明现在的状况。”

就像打印机将各种信息输出到一张白纸上，白色思考帽关注的是数据和信息。这里所指的信息不仅包括确切的数据和事实，还包括个人的观点和情感。将思考帽运用于情感中时要加以区分，当你表达自己的情感时，你在使用红色思考帽，当你表达别人的感受时，那你用的是白色思考帽。

事实和数据

在我们的习惯中，数据和事实往往被用来支持自己的观点。我们通常会这么做：先提出一个论点，然后举出大量事实和数据对之加以佐证。这种做法使得事实和数据服务于某种目的缺乏客观性、中立性。所以，我们需要另外一种方式，只要求客观的事实和数据，不要任何观点。

白色思考帽是一种方便的思考模式，它要求人们站在中立的位置，客观地认识整个世界。这时候人脑要扮演电脑的角色，只需要给出数据和事实，不需要表达自己的观点或者与人争论。白色思考帽要求我们以大量事实和论据作为结论的基础。

有一个很有意思的案子，说明了提供客观事实和数据的作用。IBM公司曾被牵涉与一起反托拉斯的案子有关，这个案子最后不了了之了，有人认为除了IBM公司的实力，还有一个主要的原因，那就是IBM公司提供了大约700万份文件来做自己的辩护证据。如果要看完这些文件，直到法官去世似乎也不可能完成。IBM公司的做法是有道理的，如果你把事实简化了，在选择简化哪些观点时，势必依照自己的观点来选择。

白色思考帽要求我们把事实和解释严格区分开来。举个例子：

过去3年来，女性抽烟的例子增加了——这不是一个事实；

过去3年来，女性抽烟的例子有增加的趋势——这不是一个事实；

过去3年来的数据显示，女性吸烟的人数增多了——这是一个事实。

只单纯地说“例子增加了”而没有数据，这是解释而非事实，而且“趋势”一词含有一种持续的意思，但是我们现在能看得到的只是过去和现在的一些事实，所以也不能算作客观。

双层式信息系统

有些情况下，事实和信仰会被混为一谈。所以，一种双层式的事实系统被建立了起来：被信仰的事实和被验证的事实。“有人说，他曾听朋友说过，丘吉尔在私底下很崇拜希特勒”或者“我相信俄罗斯商业舰队在世界贸易中起了重要的作用”，这些都属于被信仰的事实。人们可以将被信仰的事实用在白色思考帽里，但是不能任意提高一个事实的层次。试验性、假设性与煽动性的思考也都是思考的基础，它们提供了引导事实的框架。被验证的事实则要求人们用事实说话，得出中性、客观的结论。各种事实都可以成为白色思考帽的内容，所以我们一定要牢记双层式的事实系统，分清事实的不同层次，正确利用白色思考帽。

事实和真理

事实和真理是两个容易混淆的概念，真理属于哲学范畴，而事实是经过验证的经验。

例如，我们看到一群白天鹅，就说“所有的天鹅都是白的”，这就是我们对于自己经验的一个概括，但事实上黑天鹅也是存在的，所以我们可以说“天鹅基本上都是白色的”。从经验的角度来看，这也可以被称为一项事实。但是，只要我们见到一只黑天鹅，“所有天鹅都是白的”就不为真理，只能称之为事实。所以我们不可以把“白”作为天鹅的一个基本特征，那样的话，黑天鹅就不能被归在天鹅之类了。

在白色思考帽里，没什么是绝对的，一些经验事实是可以被利用的，它也可以帮我们找到更好的方向。偶发性的事实也是可以被白色思考帽利用的，因为它们也存在价值。

日本式输入

在白色思考帽里，有一种信息输入方式叫“日本式输入”，它来自日本人的开会方式：与会者轮流提出自己所知道的客观信息，然后相互倾听。没有人在参会时就有一个既成意见，他们通过每个人提供的客观事实来使观点自己成形——这是白色思考帽的思维方式。

通过对比白色思考帽和红色思考帽，可以帮助我们更深入地了解白色思考帽。拿一个问题来说：

“我们的销售阵营出现了什么问题?”

如果你此时戴的是白色思考帽，你可能就会这样回答：“我们联系了50%的零售商，其中只有50%的零售商接受了我们的产品，而在接受的零售商中，只有40%拿了产品试用。”

如果换成红色思考帽，你可能就会这样回答：“我们的某些产品价格太高，而且产品形象不怎么好，竞争对手的宣传又做得好，导致了我们的产品销售出现了问题。”

在这个问题中我们可以看出，红色思考帽更加重视感觉，白色思考帽却要求出现具体的数据和事实，任何直觉、印象和观点都被排除在外。

红色思考帽：感情至上

——“我讨厌和他在一起，他看起来不是一个诚实的人。”

——“我觉得这个计划不会成功。”

——“这个意见太有趣了！”

红色思考帽给人们表达感觉、情绪和直觉的机会，任何感觉都可以被表达，不论他是怀疑的、混合的、不确定的还是中立的。在红色思考帽下，人们可以说，“直觉告诉我，他不是个坏人”或者“我真喜欢这个”，我们没必要对自己的感觉进行任何的解释和改正，只需直接表达就可以了。使用红色思考帽的目的就是让人们如实表达自己的感受，而不是做出一个结论。所以，这些直觉不一定非得是真的、正确的。人们没有必要为自己的感受进行任何解释或修正。

戴上红色思考帽，人们就不可说“不知道”之类的话，必须表达自己的观点，不管这种观点是中立的、忧郁的、迷惑的、怀疑的，还是各种感觉混合的。人们要做的只是表达自己的感觉而已。

感情和直觉

跟白色思考帽要求的中立完全相反，红色思考帽强调主观感受，强调思考一定要具有感情色彩。这种思考法是关于非理性的思考、情绪、感情的。如果你压制着这些感情或情绪，它们就会在你的内心里不停地骚动，影响你的思考。红色思考帽会告诉你，这些感觉、预感、情绪或直觉是真实的、强烈的。

在红色思考帽下，我们可以毫无顾忌地说，“别问我为什么，我就是不喜欢跟他谈生意”，或者是“我觉得这笔投资会失败，我们还是放弃吧”！

情绪和思考

传统观念认为，个人情绪会扰乱思考。一个人要想好好思考，就必须保持冷静，不受个人情感的影响。更有人说，女人天生不善于思考，因为她们都是感情动物。但是，不管男人还是女人都是感情的动物，所以任何优良的决策最终都要诉诸感情。当我们做出一个结论或观点的时候，我们一定会把自己的价值观融入进去。情绪是思考的一部分，也是大脑运作的必需，它能使思考符合我们的需要和当时的情况。

情绪能促进思考，也会对思考产生多方面的影响：

一方面，一些强烈的背景情绪会影响甚至完全左右我们的思考，而且，这种情绪是无法避免的，因为它与个人因素密切相关。而且人的情绪具有不可确定性，任何一种情况都可能随时引发我们的强烈情感。恐惧、嫉妒、愤怒、怀疑、爱……这些背景感情会感染我们所有的思考。红色思考帽的目的就是把这种感情的背景显现出来，以便观察它的影响。

同样，我们对某个人的特定情感会影响我们对这个人的评价。试想，如果我们感觉被某人侮辱，那么，我们对这个人的所有感觉都会受到影响，无论他做什么，都难以改变你对他的印象。很多情绪会使我们对特定事物的判断受到限制和束缚，而且这种束缚难以摆脱。

另一方面，红色思考帽让我们在一些情感产生之初就把它们表达出来，避免其产生不良影响。如果观点已经产生，红色思考帽会提醒人们：这里面存在个人情绪吗？这个观点是客观的吗？

红色思考帽让情绪有了合理的位置。戴上红色思考帽，我们就会以恰当的方式来表达自己的感觉和情绪，也可以以直截了当的方式询问别人的感觉。在这种模式下，因为感情冲突而产生的口角就可以被避免。当我们对彼此的情感都有所了解的时候，就可以深入发掘甚至改变它们。红色思考帽不可以滥用，必须使情绪和思考处于合理位置。

情感能影响思考，思考也可以反过来影响情感。起到这个作用的，不是思考中逻辑的部分，而是认知的部分。如果我们以发展的观点来看待事物，那么，随着我们认知的不断深入，我们的感情也会随之改变。这一点并不是绝对的，并非所有的认知都可以使情感发生改变或者升华。我们经常会这样想，如果当时我的感情不是那样的，事情会不会产生别的结果？这就说明，人们经常能意识到这种背景情感的存在，因此，总会这样有意识地提醒自己："我必须意识到，我的愤怒会对我的认识产生怎样的影响，我不能忽视这种影响。"

红色思考帽还可以帮助我们进行情感的协商。这里的情感指的是事物本身所包含的不同情感价值，某些东西对于一个人是这种价值，对另外一个人又是另外的价值。红色思考帽就是让人们在不同的价值基础上进行协调和协商。

前面也提到过，思考的最终目的是为了人们对自身满足，换句话说，思考的目的就是要满足个人所表达出来的情感。但是，这里面又存在诸如行动与结果、长期满足与短期满足之间的矛盾。因此，情感是我们在思考中必须考虑的因素，纯粹的思考是不存在的。

黑色思考帽：时刻警惕

——"你所说的只是一个假设，不是事实。"

——"这些数据并不是你上次给我们看的那些数据。"

——"你说的只是一种可能，并不是绝对的。"

黑色思考帽强调谨慎，它时刻提醒我们防范危险、不合法、无利可图的事情，教我们如何更好地生存。因而它是最常被人们使用，也是最重要的思考帽。

危险意识

黑色思考帽是生存机制所需的思考帽，它教会我们什么是危险的，应该避免；什么是无效的，不值得去做，它教会我们生存的法则。例如，我们知道食物是必需的，因为离了它我们就无法生存。但同时我们知道，吃太多的食物会使我们变胖，而且还会引起一些健康问题。黑色思考帽也是批判思维的基础，因为它总是试着指出某些事情是多么的荒谬、矛盾。

黑色思考帽建立在一个“是否相符”的机制之上，这种机制使我们在做出一些与规则不相符的事情时会感到不舒服，从而保证了我们对错误有所意识，避免犯错。

逻辑性

黑色思考帽强调的是逻辑性的思考方法，它不像红色思考帽，对事物做出情绪化的、非理性的评价。黑色思考帽所依赖的理由必须具有普适性，任何时候都能站得住脚。

用一个例子来说明：

“降价不是一个好主意。”——这是红色思考帽的说法。

“从过去的经验和具体的销售数据来看，降价并不能促进销售，使我们获得利润。”——这是黑色思考帽的说法。

当人们戴上黑色思维帽的时候，往往更倾向于关注事物消极和否定的方面。这时大脑会将关注的焦点集中在危险、困难等上面，更想了解为什么某些方式不正确或者不起作用。这正和黄色思考帽相反，黄色思考帽更关注事物的利益。两顶思考帽都只关心事物的某一方面，这是因为大脑在同一时间只能关注事物的一个方面。从这个意义上，黑色思考帽把思考者从同时考虑事物两个方面的难题中解放了出来，而只关注事物否定的一面。

黑色思考帽除了同黄色思考帽之间存在逻辑关系，也同白色思考帽存在逻辑关系。要把它们区别开来，很多时候要依靠语境。比如说“篮里只有 3 个苹果了”这样一个评价，你可以认为它是一个简单的事实陈述，这样它就是白色思考帽的评价；如果是在想要吃苹果的人很多这样一个情境下，这个评价就带有负面的色彩，它就是黑色思考帽的评价。

黑色思考帽显示出了谨慎、小心的重要性，它帮助人们决定是采用还是放弃一个建议。因此，要想让每一个建议都得到充分体现，就必须运用黑色思考帽进行透彻的分析，这对于我们做出正确的判断是十分有益的。在开始的时候，它可以指出建议的弱点，使建议变得更完善。当某个建议存在错误时，黑色思考帽可以将它发现。这样我们就可以结合以往的经验，对风险有所意识和判断，及时掌控未来可能出现的各种情况。

融合性

黑色思考帽的价值在于指出思考过程的不足，而不是去争辩。它可以跟其他思考帽互相转换来思考问题。例如，如果在一个会议上，有人提出的数据是5年前的，这时候不应该用黑色思考帽打断别人的讲话而对之进行批评，而应该及时换上白色思考帽，客观地表达你的意见："这些数据是5年前的，我们没有更多新的数据。"当黑色思考帽提出问题和不足之后，就该由绿色思考帽来克服它们了。

在使用黑色思考帽时，我们要注意以下几个方面：

一是要避免争论。虽然黑色思考帽重视逻辑，批判性很强，但我们要避免由此陷入争论。有错误可以指出来，有歧义也可以罗列出来，这样我们就可以对潜在的困难、产生的错误形成一个清晰的了解，避免争论。

二是要适量使用。在使用黑色思考帽的时候，我们要注意不能过度使用，因为对一个事物进行批判比提出建设性的意见更为容易，所以我们很可能过度使用黑色思考帽，对一切事情都横加批判。我们应该认识黑色思考帽真正的目的是让人们在更多的机会和模式下发表自己的批评意见，而不仅仅是在争论模式中表达自己。

黄色思考帽：乐观阳光

——"这次失败对他来说是件好事，不然他怎么会选择另一条路？"

——“尽管成功的可能性不大，我们还是去试试吧！”

——“我必须足够努力，这样我或许会成为一个明星！”

黄色思考帽是一种乐观的思考方式，它关注的是事物积极有利的一面。黄色思考帽让人们具有一种价值敏感，能够像发现危险一样灵敏地发现事物存在价值和利益的方面，找到每件事积极的一面。

正面的思考

正面思考处于过分乐观的极端和逻辑上的实际性之间，诸如“我会中大奖”之类的期望是盲目的乐观，应该摒弃。而将期望限制在安全熟知的事物上，则很难会产生乐观的前途。拥有超越现实的梦想，用正面思考来激励人们的行动，乐观的前景是可以实现的，虽然这个过程不会很轻松。

黄色思考帽选择看待事物的正面，做出积极的评价。每个人都有追求成功的欲望，我们要做出的行动和计划是要面向未来的。但是我们对未来并不确定，所以我们必须对未来我们要做什么进行认真的思索，确定它是一件值得做的事，正是这样对事物价值的肯定，构成了我们的正面思考。从这个方面来说，黄色思考帽具有很高的价值，因为它促使人们去努力发现事物或建议中存在的价值。即使我们在看待以前发生过的事情的时候，也可以从中发现一些正面的东西。

很多人没有正面思考的习惯，只有在某件事情与自身利益相关时，他们才会进行积极的思考。但是，黄色思考帽不需要任何的驱动因素，事物存在的价值和利益就是它的基础。黄色思考帽是思考者特意选择的一种思考方式，当他们戴上了它的时候，就得按照要求，进行乐观积极的思考。这种积极乐观的思考不是在他们已经看到积极的一面之后才开始产生的，而是在他们还没看到之前采取的。

黄色思考帽的思考方式有助于我们正面看待事物，需要多加训练，因为价值和利益并不是随处可见的，它们很难被人们发现。即使戴上黄色思考帽，也不一定会找到事情的正面价值。

乐观的思考

黄色思考帽者乐观地思考的时候，一定拥有一个强有力的支撑来支持自己的思考。黄色思考帽不像红色思考帽那样重视感受和直觉，它所做出的正面评估往往依靠经验、逻辑推理、可靠的信息、趋势、猜测或者希望来做基础。但是，黄色思考帽不限于只提出可以被成功解释的观点，即使你无法做到这一点，你的想法还是可以被考虑的。

建设性思考

黄色思考帽把重点放在挖掘事物的价值和利益方面，我们先要发掘出可能出现的利益，然后才设法对之加以解释，所以它的思考具有建设性和启发性。建设性思考的目的是要提出一个议案来促使事情更好地完成或得到改进，它是对事物正面的肯定，这与黄色思考帽是一致的。因此，黄色思考帽适用于提案的产生以及对提案进行积极的评价，进一步，它还有助于建立或发展一项提案。因此建设性思考不仅仅是对议案的正面评估，而是一种建议，使该项议案可以被改进和完善。在改进这个层面里，黄色思考帽可以对黑色思考帽中发现的错误和风险进行改进和修正。

如果的价值

黄色思考帽所包含的乐观的期望使我们对事物的发展前景充满了希望，同时它能评估这种“希望”有多大。未来存在很多“如果”，这些“如果”可能会带来一些事件的发生，产生一些机会。我们要清楚黄色思考帽关注的是那些正面的积极的“如果”，我们称之为机会，它让我们想到最好的前景和最大的利益。而发生风险的可能性不是黄色思考帽关注的问题。由此可以看到，黄色思考帽里有幻想和梦想的成分，任何设想在一开始都是一种幻想，都是由“如果”产生的。但是这些幻想提供了许多形式和细节，具有被实现的可行性。它给我们的思考和行动确立方向，带来刺激和动力。

创造力

黄色思考帽与创造力的关系可以这样表述：黄色思考帽的正面评估和建设性意见是创造力所必需的，然而一个优秀的黄色思考帽者不一定拥有创造力。

创造力有两个层面：第一是带来某种东西，这一点和黄色思考帽具有紧密的联系。因为黄色思考帽可以采用在别的领域已经试验成功的方法来进行思考，也可以带来一些处理问题的新方法。另一个层面是指具有新意，这一点就跟黄色思考帽没有多大关系，是绿色思考帽应该做的事情。黄色思考帽与绿色思考帽的关系是，黄色思考帽可以提供一个机会，绿色思考帽则采用一种新奇的方法来利用这个机会。

绿色思考帽：创造突破

——“人们愿意在周末上班。”

——“把产品卖给竞争对手。”

——“电话铃会一直响，只有来电话的时候才停止。”

绿色思考帽拥有其颜色所具有的特点——生长和生机，充满创造力和生命力，促使我们提出新的想法。绿色思考帽给每个人都留出特定的思考时间，允许人们提出种种可能性。

变化和进步

没有可能性，就没有进步。绿色思考帽强调变化，鼓励人们从旧观念中跳出来，提出新的想法和看待事物的方式。绿色思考帽先让我们的大脑进行一些不合逻辑的思考，激发出一些创意，然后利用这些不合逻辑的创意激发出符合逻辑的、更好的意见——这才是真正的建议，之前的创意只是一种诱因而已。

实际上，我们对绿色思考帽的需要比其他思考帽更大。因为绿色思考帽的思考方式和我们习惯于认知、思考的自然思考习惯相反。自然的思考习惯于设定模式、使用模式，喜欢思考模式下正确的事情，但是绿色思考帽重视创造力，以此进行一些刺激、冒险的活动。因此，戴上绿色思考帽是需要经过训练的。

你要提醒自己，一旦戴上绿色思考帽，你就进入了创造的角色。也许不是每次都可以产生好的创意，但是至少你已经尝试了这种方法。

训练越多，你就会产生越多的创意，最终绿色思考帽就变成了你思考模式的一部分。绿色思考帽本身并不能让人们变得有创造力，但它能为人们提供时间，以集中精力来进行创造性思考，发现新观点、新方法和新选择，从而获得进步与发展。

创意和发展

白色思考帽要求客观中立的信息，黑色思考帽要求我们做出负面的评价，黄色思考帽则与之相反。但是，绿色思考帽与这些都不一样，它不能使我们获得任何成果或评价。所以即使你确实努力去思考发现新的点子，可能还是一无所获。

绿色思考帽与其他思考帽存在的一个不同点，就是它不是运用经验或判断作为思考的关键，而是注重发展。发展是一个动态的术语，具有一种进步的效应，这正是我们选择和采用一个建议的一个重要标准。一个新的创意就像过河时的踏脚石，带领我们从一个模式进入到下一个模式，不断前进。新的创意和发展总是这样密不可分：没有新的创意，进步就没有发展的进程；没有发展，新的创意就无法被转化为现实。这样对一个创意进行发展，其力量要远大于对它进行正面的评价。因为它是一个启动的过程，这要比一个评价的过程更具价值。

“po”诱因

我们在前面提到了“诱因”，波诺博士专门创造了“po”这个单词来表示具有发展价值的诱因或是诱因的操作。“po”这个词来源于假设、可能，它的想法通常不合逻辑，甚至荒谬，因此，它不属于我们经验所熟知的思考模式。“po”里面的任何主意都是可以被发展的，可以诱发更多东西。我们有办法发展诱因，也有方法创造诱因，这需要水平思维法的技巧。例如，我们可以通过逆向思考来获得一些诱因。

——“po”：顾客购买东西时，卖主该付钱给他。

这可以引发我们的一些想法：卖主可以让一些利益给顾客，这样很容易引出购物抽奖、买多赠礼等想法。

逻辑上要先有理由，再说观点，但是对于诱因，我们可以先提出想法，再寻找理由——这也体现了诱因存在的价值及其合理性。

寻找多种选择

主动去寻找多种看待问题的方式和角度，发现更多的选择，这是绿色思考帽又一个关键部分。愿意寻找多种选择，是不满于已知的选择而进行创造性思考的表现，说明思考者具有创新的意识。拥有越多可供选择的方案，在做决策时就可以考虑得更为全面，做出的决策就更有质量。

很多人在思考问题时，往往满足于一个答案，不再寻找其他可能的方法。但是，问题的答案不可能只有一个，我们不能满足于第一个答案，认为它就是最好的。我们可以先承认第一个答案，然后去寻找更多的选择方案来解决问题。当我们拥有了更多的选择之后，就可以根据自己的需要和条件，挑选出最好的方法。做事情的方法、看待问题的角度都是多种多样的，绿色思考帽可以帮助我们在寻找新的选择时取得创造性的突破。

创造力兼具个性、天分和技术的因素，每个人的天分和个性都不相同，通过努力并注重创造性思考的技巧就能得到发展。而且，通过培养和发展，大多数人都可以达到熟练思考的水平，获得创造力。

蓝色思考帽：组织控制

——“现在，我们应该用红色思考帽思考。”

——“我不要意见或建议，现在请用白色思考帽思考，提供事实和数据。”

——“我想看看是不是有更好的方法来解决我们的问题。”

蓝色思考帽的作用就像从天空总览全盘，它对整个思考过程起着管理和组织的作用，充当着控制者的角色。它把问题的各种定义寻找出来，并指明思考的目标，讨论其应该取得的成果。完成一个讨论之后，蓝色思考帽还要决定下一步做什么，是进一步思考还是采取行动。

控制思考

蓝色思考帽就像是电脑的运行指令一样，控制着整个事情的每一步进程。戴上蓝色思考帽，我们就能将事情发生的顺序制作出一个整体的规划，这种经由正式组织的思考和自由散漫的讨论有着很大的区别。

我们来看一个蓝色思考帽控制思考的流程。如果一个讨论的主题使思考者产生强烈的感情，那么就应该安排红色思考帽在第一步，将人的感觉表达出来，这样有助于思考者把自己调整到一个较为客观的状态；下一步要使用的是白色思考帽，罗列出所有的信息和资料；接着，黄色思考帽提出已有的提案；绿色思考帽则可以去试着发现新的想法；蓝色思考帽将这些建议组织归类，加以整理。在接下来对这些建议进行讨论的过程中，各种思考帽可以发挥自身的特点，帮助蓝色思考帽得出结论，最终制定出行动的策略。

人们的思考总是在不断变化着，有时，人们对自己所思考的目的并不是很明确，各种思考帽所产生的建议、判断、批评、情感、信息混杂在一起，让人感到不知所措。因此，需要蓝色思考帽来指示我们按怎样的顺序运用各种思考帽，了解足够的背景信息，评估优先顺序，列出限制条件等，选择对于行动最合适的做法。

相对于充满争论的集体思考，单独思考可能会显得更难一些，需要运用到更多的蓝色思考帽的组织能力。人们在思考前应该先组织好自己的思考过程，并时刻对自己的思考过程进行控制，清楚地设定思考的任务。

集中注意力

蓝色思考帽最主要的因素之一就是集中注意力，能够集中注意力的思考者会是一个好的思考者。蓝色思考帽可以把一个集中的要点抽离出来，并在人们对其讨论的过程中发挥监督作用，使讨论者不至于离题。

集中注意力提出和关注问题，是蓝色思考帽的重要部分。这种问题可以分为两类：一类称为钓鱼式的提问，即你无法确定答案的提问；

另一类叫作射击式提问，即“是或否”的提问。任何一个问题都可以转化为提问的形式，我们如何去解决问题，取决于我们怎样定义问题。定义问题很重要，它是首要的一个步骤。当我们确定问题的定义之后，就可以有的放矢，提出措施。

控制争论

蓝色思考帽的一个主要任务就是控制争论。蓝色思考帽负责监视和控制各种思维帽，必须在不同思维帽的观点产生分歧、引起争论的时候，及时控制争论的发展。蓝色思考帽把争论双方的观点都假设为正确的，并记录下来，留到以后再作讨论。

在讨论过程中，蓝色思考帽可以统筹几顶思考帽的观点从各自的角度发挥作用，为解决争论提供方法，最终使各种思考帽的观点达成和解。

我们应该注意的一点是，蓝色思考帽并不是完全由一个人来扮演的角色。在会议上往往由会议主席担任蓝色思考帽的角色，但是不意味着其他人不可以担当此角色。每个人都可以戴上蓝色思考帽，对思考的进展和成果进行客观的评价。

如何使用6顶思考帽解决难题

6顶思考帽在解决问题的时候，最大的好处就是使我们从传统的辩论和对理性的思考，转化为对一件事物的合作性考察，这往往使得结论自然而然地形成。

我们再来回顾一下6顶思考帽各自代表的方面：

白色思考帽：信息、数据。

红色思考帽：直觉、感情。

黑色思考帽：谨慎、否定性的逻辑理由。

黄色思考帽：肯定性的逻辑理由。

绿色思考帽：创造性思考和尝试。

蓝色思考帽：控制思考过程。

这6顶帽子各有作用。白色帽子提供客观情况，红色、黄色和黑色帽子对问题进行评估，绿色帽子专注于提供方法，蓝色帽子则促使决定产生。打个比方，当一行人要开车去一个陌生的地方，大家为走哪一条路而争论不休时，如果他们有一张十分详尽的地图，上面标明了行车路线、交通状况、路况等，那么他们就会很容易找到一条最好的路线，而不会产生争论。6顶思考帽就是起到地图这样的作用。当我们在做决定的时候，往往会经历感觉、事实、赞同、反对等过程，6顶思考帽会把这些都组织起来，使整个思考变得更加清晰、更有条理。

6顶思考帽在解决难题的时候主要有两方面的作用。第一是简化思考，在一个时间里只做一件事情，分别处理信息、逻辑、感情、希望、创意等因素。它能让感情通过红色思考帽直接表达，也可以把逻辑方面的思考留给黑色思考帽处理。

6顶思考帽的第二个作用，就是让思考者随时可以转换思考方式。如果觉得自己关注负面意见太多，就可以摘下黑色思考帽，戴上黄色思考帽，来发现对事物正面的意见，这些思考都是基于一种客观的评价，不含有攻击性，消除了争论。

在使用6顶思考帽的时候，我们通常会把它们排成一定的顺序，但是这个顺序不是特定的，在思考过程中我们可能得随时换上某一顶思考帽。一般来说，我们在讨论问题的开始或结束时要用到蓝色思考帽，对整个讨论有一个规划和控制。在进行评估的时候，一般要先用黄色思考帽，再用黑色思考帽，因为黄色思考帽能让你发现问题的价值。如果问题没什么价值，就可放弃讨论，如果有价值，再用黑色思考帽来找出困难和消极面。由于我们已经看到了它的价值所在，这就会成为我们克服困难的一种激励。有时候，在讨论结束时，你可以运用红色思考帽，来反映一下对思考的表现，看看我们对思考结果的满意程度。

在不同的情况下，我们可以选择不同的思考帽的顺序和组合方式。

在一开始的时候，这种思考方法可能会让人觉得不自然，但是不久后我们就会习惯。在一个组织中，如果每个人都能熟悉地运用6顶思考帽，它就会发挥巨大作用，使那些经常出现的会议或者讨论变得更有效率，取得更好的效果。

除此以外，6顶思考帽可以作为书面沟通的框架，例如用6顶思考帽的结构来管理电子邮件，利用6顶思考帽的框架结构来组织报告书、文件审核，等等。除了把6顶思考帽应用在工作和学习当中，在家庭生活当中使用6顶思考帽也经常会取得某些特别的效果。

第三章

突破性的水平思考法

什么是水平思考法

水平思考法（Lateral Thinking）是前面我们所讲到的“6顶思考帽”的具体运用，是由英国心理学家、“创新思维之父”爱德华·德·波诺博士（Dr. Edward De Bono）提出的。《牛津英文大辞典》中，是这样解释水平思维法的：以非正统的方式或者显然的非逻辑的方式来寻求解决问题的方法。它帮助我们换一种方式看待事物，从而常常能带来突破性的创意。

看到“水平思考法”这个词，你可能会感到惊讶：思考方法还分水平或垂直的吗？那么，先来看一个故事吧——

很久以前，英国有条法律规定，谁欠了钱不还就会被关进监狱。很不幸，伦敦的一个商人欠了一个高利贷者很大一笔钱无力偿还。那个又老又丑的高利贷者早就对商人美丽的女儿垂涎已久，正想借助此机会得到少女。于是他提出，只要少女嫁给他，他就取消商人的债务。

可怜的少女被吓坏了，商人也很不情愿，但他无能为力。为了显示自己的仁慈，狡猾的高利贷者提出了一个办法，说要让上帝做出决定。他对少女说，他在一个黑袋中放入了一颗黑鹅卵石和一颗白卵石，让少女挑。如果少女挑中的是黑色的鹅卵石，她就必须嫁给这个高利贷者，这样他父亲的债务就可以免除了；如果她挑中的是白色的鹅卵石，她就可以不嫁给高利贷者，而债务还是会被取消；如果她拒绝挑选，他的父亲就会被依法送进监狱，少女也将变得无依无靠。

可怜的商人父女没有办法，只好接受了这个提议。高利贷者从后花园里一条鹅卵石铺成的小路上顺手捡起了两枚鹅卵石放进黑袋中，眼尖的少女发现他捡的两枚鹅卵石竟然都是黑色的！

这时，商人将布袋递到少女面前，要她挑选。如果你是这个少女，你会怎么办？

你也许会动用逻辑思考来仔细地推敲，最终想出一个解决办法——这是垂直思考模式。

我们不妨来想，用垂直思考，少女只能做出3种选择：

（1）拒绝挑选。

（2）揭穿高利贷者的阴谋，指出袋中的两颗鹅卵石都是黑色的。

（3）挑选一颗黑色鹅卵石，自己受些委屈嫁给高利贷者，帮父亲免除债务。

显然，以上3种方案都不会产生有利于商人父女的结果。如果少女拒绝挑选，她的父亲就会被送进监狱；如果她揭穿高利贷者的阴谋，可能会使高利贷者恼羞成怒，将她的父亲投入监狱；如果她选择嫁给高利贷者，那她就得忍受一段不幸福的婚姻。这就是垂直思考的不足之处。

但是现在，还有一种更好的思考方法，叫作水平思考。不同于垂直思考者，水平思考者跳过挑选这个过程，只关注挑剩下的那颗鹅卵石。

故事里的少女将手伸进袋中，假装要挑出一颗鹅卵石，可是，在大家还没有看清楚的时候，她就假装不小心将鹅卵石掉在小路上。这样，她挑出来的石头混进了小路上的鹅卵石中间，再也找不出来了。

“啊，对不起，我总是这么不小心。”少女抱歉地说道，“现在，只好看看剩下的那颗鹅卵石，才能知道我挑出来的是什么颜色的了。”

故事到这里，大家就不需担忧了。剩下的那颗鹅卵石自然是黑色的，那么，照理说少女挑到的应该是白色的了。高利贷者不敢承认自己做了手脚，只好兑现诺言。就这样，运用水平思考，少女将一个看似毫无希望的事情变得极为有利，不仅把自己解救出困境，还解除了父亲的债务，使高利贷者的奸计破灭。

从上面的故事中，大家都已经见识过了水平思考的威力，那我们现在就来了解一下水平思考法。

用一个简单的描述来解释水平思考就是：“你不能通过把一个洞越挖越深，来实现在不同的地方挖出不同的洞。”它指的是，水平思考强调寻求看待事物的不同方法和不同路径。垂直思考曾经被认为是最有效的思考，它的本质是注重逻辑，关注“真相”和“是什么”。而与之不同，水平思考强调从侧面路径寻找不同的感知、不同的概念、不同的切入点，它关注的是“可能性”和“可能会是什么”。水平思考帮助我们换一种方式看待事物，常常会带来突破性的创意。所以，要想获得创意，必须有意识地培养自己的水平思考能力。

为什么创意总是降临在别人身上

很多人抱怨，为什么创意总出现在别人身上？对此，他们往往将原因归结于别人比自己有更强的能力或者更好的机遇。

创意是努力追求的结果吗?

如果说通过努力工作或者不断付出就能获得创意的话，或许人们心里会舒坦很多，这样，那些非常努力的人通过辛勤的工作而产生好的创意，就是理所应当了。但是很不幸，创意并非努力寻找或者长期追求的必然结果。

从一个故事我们就可以理解这一点。

达尔文穷尽20余载研究进化论，但是有一天，他读到了一篇论文，这篇论文正好论证了适者生存的道理。论文的作者是一个名叫阿尔弗雷德·鲁赛尔·华莱士的年轻生物学家。戏剧性的是，据说华莱士在东印度期间，精神错乱过一星期，而这篇文章正是他在那个星期内完成的。要将一个理论不断发展深入可能需要几十年的时间，但理论本身，可能是灵光乍现的结果。

问题是，旧的理论已经为我们提供了一个看待问题的方式。在长期的工作中，这些旧理论又不断得到强化，这在很大程度上阻止了我们对新理论的发现。这就解释了为什么许多逻辑严密的科学家苦心钻研几十年，虽然工作成果无可挑剔，却始终与创意无缘。

这里提醒我们，创意不是努力寻求的结果。

要产生创意，就要时刻关注新信息吗

有人持这样的观点，那些很有创意的人都是十分注意搜集最新信息、紧跟时代发展的人。

其实，新信息并不是通往创意的可靠途径，因为大部分新信息都是从旧理论中产生，并且用来证明旧理论的。比如医学理论，对于一个医生而言，即使病人不断有新的症状出现，他都可以利用现有的理论对之加以分析。弗洛伊德理论就是如此，所以长盛不衰。

而且，尽管新信息可能产生新创意，但新创意不一定需要新信息才能产生。人们完全可以通过将旧的信息重新排列组合，来促成新的创意。爱因斯坦在发现相对论之前既没有做实验，也没有搜集新信息。在他提出相对论之后，支持这一理论的实验才相继出炉。爱因斯坦只是对来自天狼星的光的波长做了更好的解释，并对水星运行轨道的理解做了一些改动，从而提出了一种认识事物的新角度。爱因斯坦只是打破了牛顿学说的惯用思维，把旧的信息做了新的组合。这样看似简单的变动，却导致了原子能的发现。我们可以大胆地想象，如果对现有的一切信息重新组合，那将会产生多少新的创意！

创意是由技术知识带来的吗

当我们说到新的创意或理论，很多人会联想到科技发明或科学理论。在这两个领域中，要想获得新的理论或创意，都要先具备一定的知识基础。但是反过来，拥有了这些科学技术知识的人，不一定会想出新的创意。

一个普通的美国妇女，计算出了如何才能把一张纸最大限度地折叠成各种纸条，做不同的使用。她的方法既节约了纸张，又节省了大量时间，得到很多人的采用，这个妇女也因此发了财。对于和这类似的发明，我们在看到其巨大的经济利益的同时，更要关注一下它们是怎么产生的。因为只要是创造发明，不管大小，它产生的方式都是同样的。

热离子的发明也说明了技术知识并非一定能带来创新的道理。热离子管创造了通信奇迹，它是整个电子技术得以发展的基础。在电话工程师时代，热离子三极管的重要价值得到了充分开发。但是，早在爱迪生的时代，他就发明了一种类似于电子光球的装置，它是热离子三极管的最原始的形式，爱迪生还为它申请了专利。但是当时并未被人们重视，直到多年后伦敦的弗莱明发现了这种装置的重要性，此后，李·德弗雷斯特才发明了热离子三极管。

创意的产生靠机遇吗

机遇，很多人将其与创造发明联系起来，失败者往往会把创造发明失败的原因归咎为机遇。照他们的理解，创造发明就是当你拥有了所有基本要素后，灵光乍现的结果。如果是这样，那我们只需准备好所有需要的信息，就可以坐等创意来临了。这看起来是一种消极的态度，但是确实有证据支持这一观点。

往往在遇到偶然的机遇时，技术的发展才会迸发出新的创意。虽然我们近代的技术水平已经十分发达，但是许多新的发明是出现在其依靠的技术水平发展以后。技术水平是基础，机遇是触发器。如果没有技术的支持，好的创意也会变成一张废纸。早在1830年，剑桥大学的数学教授查理斯·巴贝奇就提出了电子计算机的构想，只是当时没有技术的支持，他的构想无法实现，甚至遭到人们的诋毁。

创意不是来源于寻找，也不是来源于新信息和科技，以及机遇，那创意到底来自哪里？为什么有的人更有创意一些？

回答是，比起其他人，有的人拥有一种更容易产生创意的能力。这种能力不全与智商有关，更多的是来自一种特殊的思考习惯、思考方式。那么，这种能力要怎样才能得到培养？在以后的几节中，我们会探讨这个问题。

抛弃旧洞，开凿新洞

我们在前面提到了垂直思考和水平思考的不同：垂直思考是把同一个洞越挖越深，水平思考则是在别的地方重新打一个洞。我们惯常使用的垂直思考可以用逻辑来帮助我们将这个洞拓宽、加深。然而，如果一开始打洞的位置就选错了，再深再宽也是无意义的。这个道理人人都懂，但是人们仍然觉得把同一个洞拓宽、加深比换个位置重新打洞容易得多。这一方面是因为中途放弃的不甘心，另一方面是畏于重新开始要负担更多的责任。

目前，科学界还是主要致力于在已经得到认可的洞里不断加深拓宽，尽可能扩大其逻辑外延。但是，真正的大的进步都是跳出了这个旧洞，重新去开凿一个新洞。

跳出熟知的旧洞重新开凿新洞的做法还是很罕见的，因为这很让人为难。其原因可以追溯到我们的传统教育。因为它注重的是让人们了解已开发的旧洞。教育是传播性的、交流性的，而非创造性的，相比于进步，它更加关心制造尽可能广泛的看起来有用的知识。而且，如果教育只是简单地鼓励人们对已有的旧洞产生一些质疑和不满，也不足以使我们对现存世界拥有更充分的认知。

基于种种原因，要让人们在已经认识和接受旧洞之后放弃它，开凿新洞，是非常困难的。但是，假如一个人对旧洞不了解，那么对他来说新洞和旧洞就没什么区别，挖一个新洞就简单多了。一个对现存知识没有任何认知的头脑，反而更容易获得创新的机会。许多科学家根本就没有接受过正规教育，他们的发明成果却给人类带来了巨大的影响，发明灯泡的爱迪生是这样，发现电磁感应现象的法拉第也是这样。

已经开挖的旧洞为我们提供了努力的方向和动力。没有方向的努力是让人沮丧的，因为这种努力很难有回报。获得回报，是人们努力的最大动力，而且回报越快，激励的效应越大。在已经有一定基础的旧洞里继续挖掘，成果是很容易看出来的，它会给人带来预期的、心仪的回报。而重新挖一个洞可能会产生巨大的价值，但是这个价值显现的时期是漫长的，人们很难在它尚未完成之前对它的优点加以评价。

在追求效率的今天，能迅速出成绩往往是首要要求，这就导致了许多科学家和企业家宁愿固守旧洞，也不敢付出时间和金钱开发新洞。因为放弃旧洞，意味着他们以前的努力付诸东流；开凿新洞，还需要更多的投入。而且在新洞被开凿成功并显示出其价值之前，人们会怎么样评价凿洞人的努力？很少会有人愿意为了未来不确定的事物投资，因为在这些事物的回报出现之前，谁为他们的付出埋单？一旦开凿新洞的努力失败了，谁为这些损失付账？

那些被称为专家的人，是真正了解旧洞的人，他们对旧洞的形成甚至有贡献。因此，他们不提倡放弃旧洞，另起炉灶来开凿一个新洞。他们往往会沉迷在旧洞深深的洞底，为自己的成功陶醉不已。有些旧洞是有实用价值的，但是有一些旧洞，已经被挖掘得太有规模了，继续下去只会浪费劳动力。继续让它们处于支配性的地位，就会限制新洞的开凿。所以，我们必须摆脱这些旧洞的吸引和束缚，勇于开凿一个新洞，探索全新的领域。

摆脱支配性观念的几个技巧

（1）发现。要对支配性观念及时辨识。水平思考的一个重要技巧就是刻意地注意和找出支配性观念的存在。意识到它的存在，我们就能避开它的影响，这个意识一定要是清楚的，而不是似是而非的。

（2）改变。先发现既有的支配性观念，然后对它进行扭曲、改变，刻意地将其中一些因素夸大、扭曲，直到使其面目全非。这么做比一味地拒绝这些观念来得容易，而且更有效果。对支配性观念的拒绝不会消减它的影响，反而会加强，而且这样做限制了思考的自由。

这种情况常常出现在阅读了太多哲学思想书籍的学生中，对于书籍中的思想他们往往既无法赞同，也不完全拒绝。无论赞同还是拒绝，在我们脑海中都会出现对某个观念的具体认识，这种意识压抑了我们原创性的观点。当新旧观点出现交叉时，人们对旧观点的先验性的认识往往会扭曲和压制新观点的产生。在我们现存的教育体制中，学生往往只能通过赞同或反对老师的观点来表达自己的意见，而他们自身原创新的东西在这个过程中被不断削弱了。

更为危险的是，当你在拒绝新观点时并没有意识到自己正在受一个既定观念的影响和束缚，因而忽略了其他观念存在的可能性。许多科学家都会深陷在自己的理论中，而完全忘掉了问题的其他可能性。之所以这样，并不是因为他们的理论一定正确，而只是因为它是自己的。这种现象不仅发生在科学领域，许多人都会不自觉地这样去做。有一个跳蚤的故事，说的就是这个道理。

一个人认为，跳蚤的听力是通过它的腿来完成的，为此，他设计了一个实验。他把一只跳蚤放在桌上，说："跳!"跳蚤就跳了。接着，他把跳蚤的腿摘掉，又命令它跳，跳蚤当然不跳了。这个人因此为自己的发现深信不疑。但是，我们当然知道他的理论是不合理的。

（3）外力。有时候，我们对自身受到支配性观念的局限性并不是很清楚，这时就要借助外力来摆脱支配性观念的影响。一个医生因为对患者的病症过于熟悉，习惯了对患者进行同一疗法，难以再想出别的治疗方法。这时，求助于另外一个医生，或许可以得到一份全新的治疗良方。其他人的一些新鲜的观点往往有助于打破个人一些根深蒂固的观念和理论，从而带来新鲜的创意。

因此，要勇于寻求外界的意见，他们新鲜的意见很有可能帮助我们从成见中摆脱出来，以新方式看待事物。

（4）多疑。随着信息、时代的到来，各种信息从四面八方向我们涌来。这些信息无所不包，很容易就让我们懒于自己去寻求证实而接受一些既定信息。这样，新的观点就难以产生。因此，一定要多疑，接收既定观念，然后对之进行质疑，在质疑的过程中寻求新的观点。

（5）反省。很多人即使看到一些新的观念，也不去思考，而一味地坚称自己的观点是正确的。要接受新的观点是非常不容易的，它甚至比提出新观点都要困难。一旦我们接受了新观点，就可能会对它的发展做出重大的贡献。所以，我们一定要勇于反省，打破旧观念的束缚。

支配性观念就像一条很深的河道，所有水源都被汇集到这里，以至于别的地方根本没有机会形成新的湖泊或者河流。我们一定要意识到，支配性观念是阻碍我们萌发创意的一个重要因素，不能为我们的思考提供方便。我们要试着学会运用水平思维法，多角度、多侧面地看待事物。

多角度、多侧面地看待事物

沙漠里，旅行者干渴难耐，面对同样的半瓶水，乐观的旅人说："还好，我们仍有半瓶水。"

悲观的旅者却说："糟糕，我们只有半瓶水了。"

同样的环境，同样的水，不同的人有不同的看法。同样，在生活中也是如此，事情本来没有定性，它取决于你是怎么看的。

本章开头的那个少女和鹅卵石的故事大家还记得吧？一个看起来似乎没有办法解决的问题最后被聪明的少女化解了。她只是转变了一下看问题的角度，事情就峰回路转了，这就是水平思维法倡导的方法——多角度、多侧面地看待事物。

看待事物的方式，哪怕只有细微的差别，也会产生天壤之别的结果。

天花这个困扰了人类数个世纪的疾病的解决，就是爱德华·杰纳医生转变思维角度的一个结果。当时很多医生都关注人们为什么会得天花，爱德华·杰纳却把关注点转移到为什么奶牛场的女工不得天花。正是这样，人们才发现了牛痘在预防天花方面的重要作用，从而找到了预防天花的方法。

从多角度、多侧面看待事物，并不需要多么复杂的过程，有时我们只需转移一下关注的焦点就可以了。只要我们有意识地不断训练自己这种看问题的方法，使之成为了一种习惯，就会变得十分简单。

避免僵化的分类和名称

由于其神经组织的特性以及关注范围的有限，大脑把我们周围连续性的世界分割成了一个个不连续的片段。而且我们思考时习惯把事物拆分成熟悉的片段加以分析。因此，事物发展的过程先被有意识地拆分，然后以一种特定的方式重新组合。

我们在对信息进行分割时，会根据自己的熟悉程度、需要等来决定在哪一点进行分割，然后用自己熟悉的因果关系将各个部分重新建立关联，形成一个信息包。这样问题就出现了，按照既定方式组合的信息包会倾向于支持某个既成的观点，接受这些信息包的同时，我们也接受了其中蕴含的组合方式与相应观点。

这些信息包一旦获得一个名称，它们就会倾向于固定不变。因为只有在内容固定不变的时候，它的名称才具有价值。把我们的这个世界想象成一座由一块块有名称的砖头堆起来的城。我们可以把任意一块砖头拆下来检查敲打一下，以增进对它的了解。但是，这座城再也不可能被拆成一堆碎砖重新堆砌了。词汇和名称使得我们看待某问题的方式被固定下来，当一个部分被固定地称为某种名称，我们就只能将它与其他部分进行不同的组合，而不能再对它进行不同的定义。

和这种僵化的名称一样，僵化的分类也会导致我们看待问题的方式僵化。这就好比超市货架上的商品，被分门别类地贴上了标签，我们经常也会对一些人或一些事物贴上标签，这阻止了许多新的创意的产生。

要避免僵化的分类和名称的影响，有一种方法十分奏效，那就是形象思维。形象思维要求人们用线条、图形、颜色等来思考事物，而非使用事物的名称。这种方法虽然显得有些抽象和困难，但是完全可能的，它要求我们必须有意识地培养这种思考的习惯。形象思维不仅仅要将具体形象作为思考元素，还要利用线条、颜色等在事物之间建立一种关联。这样的思维方法富有动态，可以改变具体的形状，可以展示过去、现在和将来的发展变化的效果。这种拆解做得越细，就越容易表现事物自身状态的发展以及它与其他事物的关联。

以名称命名事物的词汇是有限的，利用它来看待事物的方式也就是有限的了。对事物关系的认识有限，也就难以多角度、多侧面地看待事物。事实上，对事物关系种类的储存量越大，运用得越熟练，就越容易产生新的看待问题的方式和分解事物的方法。

用不寻常的方式看事物

有时候，人们会觉得用多种不同的方法来看待一件事物是没什么价值的，而且会占用很多时间，还不如直接采用一种简单的方法更有效。那么，我们要如何决定，到底在什么时候运用水平思考能发现更多不同的方法？

（1）垂直思考无法解决问题时。本章开头提到的那个少女和鹅卵石的故事，就是垂直思考无法解决问题时，水平思考发挥作用的例子。还有一些情况，运用垂直思考虽然也能解决问题，但是方法十分复杂，这时候也应该用到水平思考法。水平思考不仅可以帮助我们解决一些十分棘手的问题，而且还可以让我们在找到一种解决问题的方法之后，设法寻找一些更为有效的方法。

（2）似乎没有问题时。我们总是习惯于在问题出现之后，再去寻找解决办法，使事物得到完善。但一个事物没有什么问题时，似乎才是最大的问题。问题是我们取得进步的阶梯，每解决一个问题，我们都会变得更加完善一点。因此，当没有问题时，我们要设法让问题形成，对它进行及时的解决。我们之所以要这么做，是因为没有问题的事物是不存在的，有时候只是问题没有显现而已。

多角度、多侧面看待问题的技巧

一是规定自己必须用几种方式来看待同一个问题。一开始，这样做可能会不自然，但是，不论对这个事物存在多么显而易见的观点，我们都要强迫自己从其他的角度对它重新进行审视。只要多多练习，这些从各个角度出发的方式就会变得跟既有的看问题的方式一样自然、简单。

二是有意识地把一些事物的关系颠倒过来看。例如，飞机机身的移动使机翼产生向上的力，反过来看，如果让机翼的移动来带动机身的向上不可以吗？答案是可以的，直升飞机不就是这样的吗？像这样颠倒事物之间的关系是十分简单的，只要找出它们原来的关系，就可以找到一个相反的方向。

三是把一个情况中的关系转移到另一个我们较为熟悉的情境中去，将二者进行类推。这样很容易把一个抽象的情况变得具体，同时克服我们在思考原有情况时的一些不足之处。而我们在类推的过程中，常常会得到启发，用这些启发回头去看原来的问题，很容易激发我们的联想，产生新的创意。

从多角度、多侧面看问题，这种方法最有效。在数学领域中，这个益处体现得最为明显。以方程式为例，它把两种描述事物的不同方法放到一起使问题变得更容易解决。方程式等号两边代表两种看问题的方法，利用这两种不同的方法，我们就可以很巧妙地发现解决问题的方法。这就是多角度、多侧面在水平思考中的运用。运用水平思考时，我们的大脑中就会产生很多种看待问题的方式，通过对这些方式进行分析组合，大脑会更加容易得出一个有效的答案。

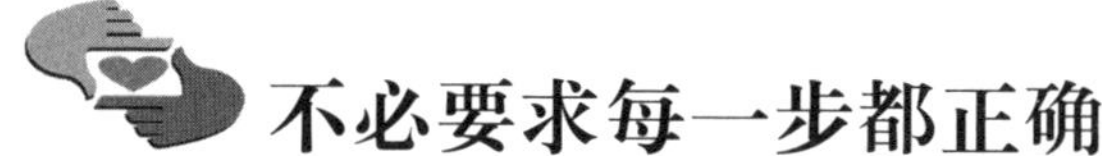

不必要求每一步都正确

我们在山石中艰难地摸索
终于到达了山顶
当我们一览众山小时
却发现
原来有一条小路通往山顶

垂直思考有一种倾向，就是企图使任何一个想法都具有逻辑性、系统性，就像给电影做剪辑一样一丝不苟，要求每一步都完美无缺。这样的思维方法有助于对既有事物进行完善，但不利于创意的产生，因为无序的状态才具有无限的潜力。

一个方向，还是多条路径

确保每一步都正确，是垂直思考的一个习惯，它强调逻辑性的本质要求，在完成一件事的每一个步骤中，都要排斥其他的可能性，要求人们在一开始就必须确立一个努力的方向。因此，在刚刚出发的时候，垂直思考者就已经为自己前进的道路设置了一个路标，然后朝着这个目标热情地向前走。如果发现这条路行得通，可以通往结论，人们就会觉得，再去寻找其他的捷径或者是更好的道路是没有必要的。但是，如果一开始设立的那个路标是错误的，人们就会走向一个错误的地方，这比原地不动更糟糕。所以，与其不假思索地朝着一个不知道正确与否的目标前进，不妨在出发前做一些认真的考察，对问题本身进行一些思索。

水平思考者不限定于任何一条不确定的路，他们倾向于探求多种路径，然后从中选择一条更好的路径。水平思考者在解决问题时会考虑到多种可能性，而且在问题得到解决之后，他们会回过头来思考，是否存在一种方法，比自己所使用的方法还要简单。

当我们站在山顶，才有可能发现上山的最佳路径。当问题得到解决时，我们才可能意识到解决它的最佳办法。所以，不要在一开始就把自己固定在某一种方法的限制之内。

不要让逻辑扼杀创意

一个新的创意在刚刚形成的时候，很难用逻辑推理进行呈现。因为它仍然具有自由扩展的可能性，人们只需看着它顺其自然地发展下去，或者故意忽略它，让它逐渐成熟。

如果在一个创意还未能体现出其偶然性和原创性之前，就迫不及待地把它投入逻辑分析，进行定义，创意继续发展成熟的可能性就可能扼杀在不成熟的状态。对创意的集中关注，也会导致创意与周围环境的脱离，从而窒息了它的成长。

人们这样过早地运用垂直思维，是因为他们对于水平思维缺乏足够的信任，而不放心任由创意自由地发展。但是，如果在创意还没有准备好被逻辑检验时，这样的干涉就难以促使其发展。PC 机在刚刚被提出的时候，受到了一些权威人士的诟病，他们甚至不无讽刺地指出，让每个办公桌上都有一台电脑简直是空想。但是经过几代的完善，电脑早已成为每个办公桌上的物件。幸好当时的科学家们没有听信权威人士的判断。

还存在的一个隐患就是，逻辑也会犯下错误。人们的逻辑思考往往是以经验为基础，单人的经验是有限的，所以犯错是难免的，这种错误很可能对一些符合逻辑的创意做出误判。笛卡儿曾经运用逻辑证明了意大利物理学家托里切利提出的真空效应是不可能的，但是不久之后，托里切利就用实验成功地证明了自己的学说是正确的。

我们不能急于拒绝那些看起来不符合逻辑的创意，而是应该先接受它，向下推演出它的理论依据，再向上推演，看看它能引发什么。这样，就能避免一些新的创意在刚刚萌生的时候被忽略。

水平思考让我们拥有自由开阔的思维。我们可以只关注一个创意，而不对它进行任何改动。通过这样的方式，我们就会处于一个丰富而开放的意识状态，利用各种偶然性来帮助我们催生出创意。

运用偶然性来催生创意

有一个比喻很好地说明了运用偶然性来做事的价值：运用偶然性就像是别人为你提供赌博的本钱，你赌赢了，赚的钱归你，你赌输了，输的钱别人替你付。无论怎样，你都不会有损失，却极有可能大赚一笔。

偶然性事件，往往会给我们带来启发，帮助我们进步。许多科学发明都是偶然性事件的结果，X 光就是一个例子。1895 年 12 月 22 日，伦琴在用一个嵌有两个金属电极的放电管做阴极射线实验时偶然发现，放电管一开始工作，放置在旁边实验台上的涂氰亚铂钡纸屏就出现荧光。他把纸屏放到远离放电管两米的地方，结果还是出现相同的情况。伦琴十分惊奇，他尝试了各种材料，黑色的厚纸板、衣服甚至厚厚的书本都挡不住这种奇怪的光线。他还大胆地把手掌置于放电管附近，结果发现手的骨骼影像十分清晰地显映在荧屏上。就这样，它发现了 X 射线，后来还因此获得了诺贝尔奖。

一些偶然事件本身可能被认为没有意义，但是它们能帮助我们想到一些平常不会想到的东西。既然如此，我们就可以想办法创造这样一些偶然的机会，来催生我们的创意。

玩耍制造偶然性

漫无目的的、轻松的玩耍很有可能促成一些偶然性事件的发生，给我们创造一些偶然性的发现。不带任何目的性、功利性的玩耍经常会被认为是浪费时间，一些人甚至羞于这样的玩耍。但是，在单纯的玩耍中，各种新奇的想法会自动浮现出来。这些想法不具有逻辑的顺序，我们也不用有意地控制它们，只需抱有一定的好奇心，让这些想法产生更多的发散。也许，这些想法的用处不一定会马上表现出来，但是，它们会在以后的某一天，在你从事相近的工作时，从脑海里蹦出来，带给你一些创意。

信息交流，催生创意

所谓头脑风暴，就是指一群人坐在一起，对一个问题进行讨论。每个人都尽量说出自己头脑中的任何想法，不管这些想法是否符合逻辑。这样做的目的是希望参加讨论的每个人能够互相启发，产生大量的想法，然后经过偶然性的相互作用，使这些想法催生出一些创意。而这些创意往往是不能靠个人的智慧来取得的。

我们的头脑中经常会有各种各样的思绪，它们之间可能毫不相干。我们要做的就是打破这些思绪之间的界限，不因集中思考某一点而排斥其他各点。我们要创造机会，让各种不同的思绪发生联系，相互启发，从而产生全新的想法。

当我们思考一件事情的时候，往往会选择接受与这件事情相关的信息，这些信息总是支持我们既定的想法，而对一些新的创意没有多大的帮助。其实，理想的状态是让大脑接受来自各方的信息。这些信息相互作用而形成一些想法。我们只需对这些想法进行观察而不是分析，也不对它们进行定义或归类。

多角度催生创意

当我们考虑一个事物的时候，可以从某个环境中专门挑选出一个事物，然后努力去寻找它们之间可能存在的关系。可以假设，同时被我们关注的两个事物之间是存在某种联系的。从一个新的角度出发，或者遵从某个新的原则，我们就能在这两者之间发现一些联系。通常我们在考虑一件事情的时候，会排除其他任何干扰，集中精力地去考虑这件事情，这种思维方法被认为非常有效，但是，它阻止了新的创意的产生，因为任何激发创意的可能性已经一并被排除在外了。

我们要学会打破集中注意于一个问题的思考方法，不时地让大脑停下来，去关注一些问题之外的事物。这些外来的影响会改变我们看问题的常规方法，从而有助于我们发现新的事物。

正是因为我们的大脑不可能吸收所有相关的信息，我们才更加依赖偶然性带来的创意。这种偶然性不是通过策划得到的，而是来自观察。我们必须克制住自己想要刻意规划的倾向，在观察之后耐心等待偶然性事件的出现。当我们对水平思维法越来越熟练的时候，我们就越有机会发现一些偶然性的现象，产生更多的创意。

摆脱高可能性思考的诱惑

我们在前面已经多次对比了垂直思维法和水平思维法的不同思考方式，提倡运用水平思维法来考虑问题。我们一直在强调水平思维法对于激发创造力的作用，也许有人会说，我对创新不感兴趣，而放弃了水平思维法。这样做的一个弊端就是他总是沿着一个高可能性的路径思考，这种高可能性思考路径是很容易被预测到的，因此也很有可能被人利用。

魔术师就很擅长利用人们的这种思维方法。当魔术师在舞台上进行魔术表演的时候，他会利用表情或手势引导观众的注意焦点，从而使他们沿着其设定的高可能性路径思考。

例如在挣脱手铐的魔术表演当中，魔术师会邀请观众将自己的手腕上的镣铐用一把锁锁住，接着他就被放入一个大麻袋中，几分钟之后他再次出现时，手上的镣铐已经完全被打开了。

其实，打开手铐的办法很简单：魔术师手铐的铰链中插入了一枚特殊的大头针，这枚大头针可以被磁铁吸出来。一旦它被吸出来，手铐也就被打开了。但是，由于观众的注意力都集中在锁住镣铐的大锁上，他们很难发现魔术师打开手铐的方式是简单地打开手铐铰链。

一般情况下，当魔术师开始用语言、动作引导观众进入高可能性思考的路径时，魔术就变得十分神秘有效了。这个时候，如果脱离高可能性思考的路径，转向可能性思考，我们就可能探知出其中的奥秘。如果不进行这样的转折，仍然停留在垂直思考的方式中，就难以发现这个奥秘。

如果我们的大脑更倾向于运用水平思维法而不是垂直思维法，我们就可以摆脱被别人引导和利用的可能。魔术师、推销员、骗子等，这些擅长于说服别人的角色对于我们就没有什么作用了。因为他们说服的技巧就是诱使我们进行符合他们目的的高可能性思考。

在日常生活中，我们也会经常发现高可能性思考的例子。例如，某天你回到家里，发现电视机打不开了，你的第一反应可能会是电视机坏了，所以你可能会检查电视机的插头或是打电话叫维修人员。但是当你忙乎了半天之后，你也许会突然想起来，看看家用电器的总电源是否已经打开。把注意力的焦点放在电视机本身，并从这个焦点出发进行垂直思考，这种高可能性的思考很可能会把简单的问题变得复杂。这时，你只需把注意力转移一下，问题可能就会变得容易多了。

摆脱高可能性思考的诱惑，就要学会在考虑问题时想到多种可能性，从垂直思考的模式转为水平思考的模式。水平思考方式不是热爱创造发明的人才需要的，它是一种基本的思维过程，每个人都应该具备。

第四章

思维导图：瑞士军刀般的思考工具

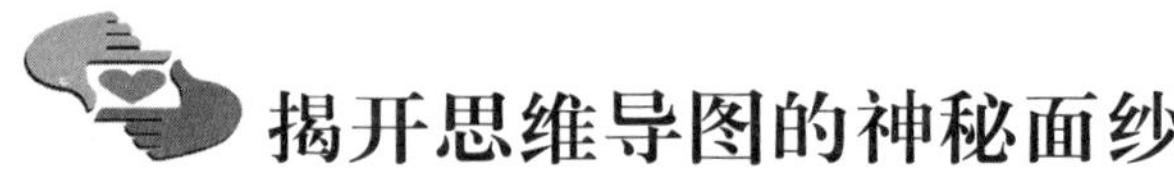

揭开思维导图的神秘面纱

思维导图这一研究方法一面世，立即引起巨大的轰动。

作为21世纪全球革命性的思维工具、学习工具、管理工具，思维导图已经应用于生活和工作的各个方面，包括学习、写作、沟通、家庭、教育、演讲、管理、会议等。运用思维导图带来的学习能力和清晰的思维方式已经成功改变了2.5亿人的思维习惯。

英国人东尼·博赞作为“瑞士军刀”般思维工具的创始人，因为发明“思维导图”这一简单便捷的思维工具，被誉为“智力魔法师”和“世界大脑先生”。作为大脑和学习方面的专家，东尼·博赞出版了80多部专著或合著，系列图书销售达到1000万册。

思维导图是一种革命性的学习工具，它的核心思想就是把形象思维与抽象思维很好地结合起来，让你的左右脑同时运作，将你的思维痕迹在纸上用图画和线条形成发散性的结构。

思维导图用起来十分简单。比如，你今天所要做的每一件事，我们可以用一张从图中心发散出来的每个分支代表今天需要做的不同事情。

简单地说，思维导图所要做的工作就是更加有效地将信息“放入”你的大脑，或者将信息从你的大脑中“取出来”。

思维导图能够按照大脑本身的规律进行工作，让我们改变传统的线性思维模式，改用发散性的联想思维思考问题；帮助我们做出选择、组织自己的思想；进行创造性的思维和脑力风暴，改善记忆和想象力。思维导图能通过画图的方式，充分地开发左脑和右脑，帮助我们释放出巨大的大脑潜能。

让人受益一生的思维习惯

随着思维导图的不断普及，世界上使用思维导图的人数可能远远超过2.5亿。

据了解，目前许多跨国公司，如微软、IBM、波音正在使用或已经使用思维导图作为工作工具；新加坡、澳大利亚、墨西哥早已将思维导图引入教育领域，收效明显；哈佛大学、剑桥大学、伦敦经济学院等知名学府也在使用和教授思维导图。

我们之所以使用思维导图，是因为它可以帮助我们更好地解决实际问题，比如，它可以在以下方面帮助到你：

（1）获取更多的创意。

（2）对你的思想进行梳理并使它逐渐清晰。

（3）以良好的成绩通过考试。

（4）更好地记忆。

（5）更高效、快速地学习。

（6）把学习变成“小菜一碟”。

（7）看到事物的“全景”。

（8）制订计划。

（9）表现出更强的创造力。

（10）节省时间。

（11）解决难题。

（12）集中注意力。

（13）更好地沟通交往。

（14）生存。

思维导图会给我们带来全新的生活。在日常生活中，我们一直应用着思维导图的放射性结构。

例如，我们以汽车站为中心的交通网络，以自我为中心的个人、家庭、社会、工作的社会关系，等等，绘制出来都是一张思维导图的放射性结构图。这种结构图在我们的生活中无处不在，我们随时随地都在使用它。因此，画出思维导图不需要什么高深的专业知识，它就是我们大脑思维的自然表达方式。

无论你年龄大小、学历高低、专业如何，都可以轻松地学习和使用思维导图，将它作为自己提高学习和思维技巧的工具。

生活中每个人每天都在做无数的决定和选择，我们可以先用思维导图把自己的需要、优先要考虑的事情和受到的约束一一整理出来，然后根据涉及的内容，包括已经列出来的关键因素来帮助你学会如何去做决定。

有时，我们会遇到一些犹豫不决的事情非常难以做决定，思想就像一个左右摇摆的钟摆。这时，我们需要解决的问题不是回答“行”或“不行”，还有第三种选择，是“继续考虑下去”。

如果我们选择第三种情况的话，不仅不容易得出结果，还有可能长久地陷入其中，不利于迅速做出决定。

如果一开始就选择“行”或“不行”，这样对你会更有利些，因为它不仅节约了你思考的时间，还让你在做出一个决定后可以再去修正它。

我们来做这样一个决策练习。

暑假来临了，爸爸妈妈准备为你报个业余补习班，该补习班开设了好几门课程，现在，爸爸妈妈来征求你的意见。那么，你要做的选择就是组织自己的思想进行思考：我应该学习某门课程吗？

也许你经过很长时间的思考都没有结果，但是运用思维导图，可以针对这门课程进行大概的分析，最终做出回答。

现在，我们把“某门课程”作为中心图像放在中央，然后围绕这个主题做出与“这门课”相关的分支解释。

比如，我们在这里可能要涉及以下因素：

（1）个人志趣。个人的爱好和兴趣在哪里？

（2）起源。这门课程是怎么发展起来的？

（3）功能。这门课程的具体功能是什么？

（4）作用。这门课程能做什么？它在哪些方面能发生作用？对自己能产生哪些影响？

（5）分类。这门课程与其他事情是怎么联系起来的？

……

通过画出思维导图对以上内容进行分析，我们可以把与主题相关的复杂和相互纠缠着的信息加以融汇，把一些问题清楚地罗列出来。它还能给大脑带来一个事先构造好的框架，以便产生新的联想，确保所有的相关因素都被考虑进去。同时，我们在画图过程中，触发的新的想法和决定，可以确保最后所做决定的科学性和准确度。

另外，思维导图可以帮助我们更好地理解别人的思想；比如，我们在课堂上听讲，一方面要理解老师的思想；另一方面要学会组织老师的思想，以便更好地吸收，为我所用。如果在听讲过程中，我们只是单纯地把老师的讲解内容记下来，那就失去了听讲的意义。我们不仅要把老师在讲解过程中所要表达的思想记下来，还应该用思维导图的形式把它们组成一个完整的结构，提炼出其中最为主要的一部分，能够反映出原有的思想的，还可以加入自己的思想使老师的思想得到充分的补充，达到组织别人思想的最终目的。

在这里，思维导图就变成了一个帮助我们了解自己和理解他人思想非常有用的工具，既可以从各方面收集信息，也可以评估这些信息的质量。

绘制思维导图的7个步骤和技巧

思维导图就是一幅幅帮助你了解并掌握大脑工作原理的使用说明图。绘制思维导图非常简单，就是借助文字将你的想法“画”出来，使你更容易记忆。

绘制过程中，我们要使用到颜色。因为思维导图在确定中央图像之后，有从中心发散出来的自然结构，它们要使用线条、符号、词汇和图像，遵循一套简单、基本、自然、易被大脑接受的规则。

颜色可以将一长串枯燥无味的信息变成丰富多彩的、便于记忆的、有高度组织性的图画，接近于大脑平时处理事物的方式。

思维导图绘制工具包括：一张白纸、彩色水笔和铅笔数支、你的大脑和你的想象力。

（1）向各个方向发散思维。

（2）在白纸的中心用一幅图像或图画表达你的中心思想。因为图像不仅能刺激你的创意，帮助你运用想象力，还能强化记忆。

（3）尽可能多地使用各种颜色。因为颜色和图像一样能让你的大脑兴奋。颜色能够给你的思维导图增添跳跃感和生命力，为你的创造性思维增添巨大的能量。此外，自由地使用颜色绘画本身也非常有趣。

（4）将中心图像和主要分支连接起来，然后把主要分支和二级分支连接起来，再把三级分支和二级分支连接起来，以此类推。

我们的大脑是通过联想来思考的。如果把分支连接起来，你会更容易理解和记住许多东西。把主要分支连接起来，即创建了你思维的基本结构。

这和自然界中大树的形状极为相似，树枝从主干生出，向四面八方发散。假如大树的主干和主要分支，或主要分支和更小的分支以及分支末梢之间有断裂，就会出现问题。

（5）让思维导图的分支自然弯曲，不要画成一条直线。曲线永远是美的，你的大脑会对直线感到厌烦。美丽的曲线和分支，就像大树的枝杈一样更能吸引你的眼球。

（6）在每条线上使用一个关键字。所谓关键字，就是表达核心意思的字或词，可以是名词或动词。关键字应该是具体的、有意义的，这样才有助于回忆。

单个的词语使思维导图更具有力量和灵活性。每个关键词就像大树的主要枝杈，能繁殖出更多与它自己相关的、互相联系的一系列次级枝杈。

当你使用单个关键词时，每一个词都更加自由，有助于新想法产生。短语和句子容易扼杀这种火花。

（7）自始至终使用图形。思维导图上的每一个图形，就像中心图形一样，可以胜过千言万语。所以，如果你在思维导图上画出了10个图形，那么就相当于记了数万字的笔记。

以上就是绘制思维导图的7个步骤，不过，这里还有几个技巧可供参考：

（1）把纸张横放，使宽度变大。在纸的中心，画出能够代表你心目中主体形象的中心图像，再用水彩笔任意发挥你的思路。

（2）先从图形中心开始画，标出一些向四周放射出来的粗线条。每一条线都代表你的主体思想，尽量使用不同的颜色区分。

（3）在主要线条的每一个分支上，用大号字清楚地标上关键词，当你想到这个概念时，这些关键词就会立刻从大脑里跳出来。

（4）运用你的想象力，不断改进你的思维导图。

（5）在每一个关键词旁边，画一个能够代表它、解释它的图形。

（6）用联想来扩展这幅思维导图。对于每一个关键词，每人都会想到很多词。比如你写下“橙子”这个词时，可以想到颜色、果汁、维生素C，等等。

（7）根据你联想到的事物，从每一个关键词上发散出更多的连线。连线的数量根据你的想象可以有无数条。

用思维导图来帮助大脑处理信息

让大脑更好更快地处理各种信息，正是思维导图的优势所在。

使用思维导图，可以把枯燥的信息变成彩色的、容易记忆的、高度组织的图，可以让大脑处理信息更简单有效。

从思维导图的特点及作用来看，它可以用于工作、学习和生活中的任何一个领域。比如，作为个人可以进行计划、项目管理、沟通、组织、分析解决问题等，作为一个学习者可以用于记忆、做笔记、写报告、写论文、做演讲、考试、思考、集中注意力等，作为职业人士可以用于会议、培训、谈判、面试、掀起头脑风暴等。

利用思维导图来应对以上方面，可以极大地提高你的效率，增强思考的有效性和准确性，提升你的注意力和工作乐趣。

比如，演讲。也许你会怀疑，演讲也适合做思维导图吗?

没错！思维导图可以将你所需要的全部信息全部呈现出来了，使相关演讲信息顺利过渡。

其实，我们需要做的只是确定各种信息的最终排列顺序。一幅好的思维导图有多种可选性。确定后，将思维导图的每个区域涂上不同的颜色，标上正确的顺序号。再将它转化为写作或口头语言形式，将是很简单的事，你只要圈出所需的主要区域，然后按各分支之间连接的逻辑关系，一点一点地进行就可以了。

按这种方式，无论多么烦琐的信息、多么艰难的问题都能被一一解决。

又比如，我们在组织活动或开讨论会时需用的思维导图。

在这种活动或讨论会上，或许会发生我们不愿看到的结果，比如，没有提出我们期望的好点子，没有解决需要解决的问题，大家唧唧喳喳，不仅现场秩序混乱，还浪费时间。

这时，如果活动组织者在会议室中心的黑板上，以思维导图的基本形式，写下讨论的中心议题及几个副主题，让与会者事先了解会议的内容，使他们有备而来，所有问题将迎刃而解。

组织者还可以在每个人陈述完看法之后，要求他用关键词的形式总结一下，并指出在这个思维导图上，他的观点从何而来，与主题思维导图的关联，等等。

这种使用思维导图方式的好处显而易见：

（1）可以准确地记录每个人的发言。

（2）保证信息的全面。

（3）各种观点都可以得到充分的展现。

（4）大家容易围绕主题和发言展开讨论，不会跑题。

（5）活动结束后，每个人都可记录下思维导图，不会马上忘记。

这种思维导图在处理大量信息时，可以吸引每个人积极地参与目前的讨论，而不是仅仅关心最后的结论，从而使讨论顺利进展。

此外，思维导图可以全面加强事物之间的内在联系，强化人们的记忆，使信息井然有序，为我所用。

在处理复杂信息时，思维导图是思维相互关系的外在“写照”，能使你的大脑更清楚地“明确自我”，因而更能全面地提高思维技能，提高解决问题的效率。

有效思考与分析问题

我国古代伟大的教育家孔子曾说：“学而不思则罔，思而不学则殆。”意在强调学习与思考的重要性。一位哲学家也说过：“我们不是为思考而活着，但是只有思考才能使我们获得成功。”

但是，我们中的很多人几乎没有用心去思考。很多时候，我们都是不假思索，随心所欲。只有我们很不愿面对的情况出现，不得不思考，不得不努力寻找解决问题的办法的时候，我们才会静下心来进行专门的思考。

有时候，我们也会突然对自己正在进行的事情产生怀疑。但实际上，很多人只不过是勉强思考而已。对此，有人做过一项调查，发现居然有

67%的人表示他们对思考的过程缺乏了解，不知道多少有关思考的事。

其实，这种情况的发生，也跟我们的一个错误观念有关，那就是不少人认为思考是一个自然而然的过程，从不主动进行内在的思考。如果一个人发现另外一个人表现出比他更善于思考的优势，他往往会认为对方“运气好”或者“有天赋”，本身就比别人聪明。正是这种错误的观念导致我们平均每分钟损失4个彼此独立的想法，每天大约逝去4000个想法。

以上种种现象的出现，与我们对思考本身是很乏味的、抽象的、让人迷惑的错误认识不无关系。

思维导图在帮助并启动我们思考方面显示出了特有价值，成了帮助我们理清思路的创造性工具。利用思维导图可以从以下几个方面促使我们的大脑更快地运转，保障我们每天顺畅地思考，提高思考力。

1. 排除干扰

当我们针对要解决的问题进行思考的时候，一定要避免不受其他次要想法的干扰，因为我们的大脑里每天都有很多个一闪而过的想法产生，其中很大一部分会干扰我们思考，使我们难以清醒地专注于想要思考的问题。

如果采用思维导图的形式，在罗列关键词的同时，进行比较和筛选，可以有效排除干扰，让思考更集中。

2. 紧紧围绕主题

一次只思考一个主题，命令我们的大脑集中注意力。也许，这种命令在起作用前需要几分钟时间，需要我们耐心地关注思考的主题。这样做的好处是，可以迅速激活我们的大脑，使它运转起来，获得我们想要的想法。

3. 关心一下自己的感受

当你绞尽脑汁，还是很难围绕所要解决的问题启动思考时，可以尝试着关注一下自己的内心感受，把这些感受写在思维导图上，问问自己在思考过程中产生了什么感受，并顺着这些感受展开与内心的对话，也许会瞬间打开思路，获得意外的惊喜。

4. 养成随时思考的习惯

当思考成为一种习惯，无疑会对你有很大的帮助。让大脑经常处于工作状态，很容易发动你的思考过程，获得解决问题的有效方法。借助思维导图，你可以对身边发生的任何事情随时随地在脑海中进行评价、质疑、比较和思考。利用思维导图无限发散的特性，可以让思维更清晰有力，哪怕是与问题无关的联想，也可能为你所关注的问题找到满意的答案。

借助思维导图，我们可以获得源源不断的想法，这些想法不仅新奇而且富于创造力。不仅如此，思维导图还可以使这种思考成为有效的思考。

虽然人人都有思考能力，但并非人人都懂得如何有效地思考。人云亦云，思路不清，缺乏独立思考能力都会影响有效思考。

思维导图作为发散性思维工具，它按照大脑自身的规律进行思考，全面调动左脑的逻辑、顺序、条例、文字、数字以及右脑的图像、想象、颜色、空间、整体思维，使大脑潜能得到充分的开发，也可以帮助我们有效地思考。

美国思想家温伯格认为不能有效思考的原因如下：

首先，有人限制你思考。比如一些掌握利益的人，希望别人最好都不要思考。

其次，思考是件很费力的事。每个人都有惰性，比如在学习过程中，学习者都想省力，以最短的时间学到更多的技能和知识，因此把时间花费在寻找资料的过程中，而个人思考能力却没有丝毫提高。

最后，没人教你如何思考。回想一下，你是否听说过哪一门课程或哪一种方法是教你如何思考的？既没有老师教授我们如何思考，也没有家长给予这方面的指导。通常他们直接给我们的是一大堆知识，而很少培养我们思考和解决问题的能力。

在怎样有效思考方面，有这样一个故事：

初夏的一天，北宋著名哲学家邵康节和他12岁的儿子邵伯温在院子里乘凉，谈话间，院墙外边突然伸进一个人头，这个人朝院子中瞅了一圈，马上又缩了回去。

邵伯温感到很纳闷，这时，邵康节问儿子："你说这个人往我们这儿瞅什么？"

儿子马上回答："我看八成是个小偷，想偷东西，看见有人就溜了。"

邵康节摇了摇头："不，不对。如果这个人是小偷的话，他见到院子里有人，肯定会缩回头去。可是，明知院子里有人，他还是朝院子里瞅了一圈，这怎么说呢？"

儿子思考了片刻："嗯，可能是在找东西吧？"

"但是他只瞅了一圈，是找大东西还是小东西呢？"

儿子马上回答："是找大东西！"

邵康节又问道："那有什么大东西会跑到我们院子里呢？他看起来像个农夫，会找什么呢？"

儿子马上回答道："那人可能是来找牛的，不是小偷。"

听儿子这么一说，邵康节点点头，赞赏地说："嗯，有道理！"

可见，对一件事情的思考是否有效，往往决定着对它的认识正确与否。显然，邵伯温对问题的思考是简单的，也可以说是无效的，而经父亲的引导，告诉了他这样一个道理：有效地、深入地思考，才能解决问题。

通过这个故事回想一下我们自己，有时候很多事情不是自己做不好，而是我们有没有思考到位？有没有更好的解决办法？还有哪些环节没有考虑到？思考的结果还有没有进取的空间？

此外，我们可以从运用逻辑思考、演绎思考和归纳思考3个方面加强训练。而思维导图的出现，弥补了我们在思考中的诸多不足，可以帮助我们更有效地思考，从而获得更清晰完整的思维图像。

用思维导图解决生活中的困惑

21 世纪的今天思维导图已经应用于生活的各个方面，在帮助自我分析，更深入地了解自己，包括自己的需求、欲望、中长期目标等方面具有很实际的意义。

在自我分析方面，如何正确了解和评估自己呢？

一般情况下，对自我的认识包括对生理、心理、理性、社会自我等几个部分的认识。

生理方面，主要是指对自己的相貌、身体、着装打扮等方面的认识；心理方面，主要指对自我的性格、兴趣、气质、意志、能力等方面的优缺点的判断与评估；理性方面，主要是指通过社会教育和知识学习而形成的理性人格，如对自我的思维方式和方法、道德水平、情商等因素的评价；社会自我认识，主要指对自己在社会上所扮演的角色，在社会中的责任、权利、义务、名誉，他人对自己的态度以及自己对他人的态度等方面的评价。

这些自我认识都可以在思维导图上表现出来。

画图之前，需要你拿出一张白纸，在白纸中心画一个中央图像代表自己，然后由这个图像向四周发散，并根据生理、心理、理性、社会自我4 个方面，联想与自己相关的所有属性，并将你想到的属性与中心连线。比如你可以参考的属性有性格、爱好、长处、短处、理想、兴趣、家庭背景、交际圈、朋友圈、长期或短期目标是什么、现在的苦恼是什么、自己最尊重的人、自己需要为父母做些什么等。

你在列出这些属性的同时，可以给出该属性的具体表达，如性格后面标上“开朗”等。

由于思维导图可以对你的内在自我做出一个全面的综合反映，因此，当你获得了比较清晰的反映内在自我的外部形象后，就不太可能做出一些有违自己本性和真实需求的决定，从而就能避免一些不愉快的结果出现。

为了避免一些自己不愿意看到的结果出现，最好的办法就是绘制一幅能够帮助自我分析的“全景图”，在这幅图里要尽可能多地包括你的性格特点和其他特征。

在你做自我分析时，尽量选择一个比较舒服的环境，最好能对你的精神起到刺激作用，这样做的目的是使你在做自我分析时能无所顾忌，做到完整、深刻和实用。

在画图时，不必考虑图面的整洁度，可以快速地画出思维导图，让事实、思想和情绪毫无保留并自由地流动起来。如果过于整洁和仔细的话，容易抑制思维导图带给我们的无拘无束感。

当然，选择好主要分支之后，你应该再绘制一张更大一些、更为成熟的思维导图。

最后做出决定，并计划你的下一步行动。

总之，绘制自我分析的思维导图，可以帮助我们更清晰地知道生活的重点在哪里，可以使我们获得更多对于自己的客观看法。通过思维导图，能更全面真实地反映个人情况，解决更多的实际问题，从而为下一步决定做好准备。

神奇的全脑思维导图

你是否这样问过自己：“我能够像天才一样思考吗？”

思维导图会告诉你：“你就是天才！”

因为生活中的你肯定体验过天才般的思考，思考过以前没有想到过的事物，你也一定用过一些前所未有的方式思考一些问题，尤其当你还是个孩子的时候。

其实，在你所取得的个人成就中就蕴含着天才的成分，因为这些东西都需要你将一些起初看起来毫不相关的信息通过大脑思考联系起来。

人类的大脑具有可塑性，而且随着年龄的不断增长，可塑性越来越明显。

美国心理学教授霍华德·加德纳把人的智能概括为8个方面，这些智能主要包括：

1．语言智能

语言智能即使用文字思考，用语言表达并欣赏语言深奥意义的能力。具有语言智能的人群包括诗人、作家、记者、编辑、演说家、新闻播报员等。

2．数学智能

数学智能是指能处理一连串的数字推理、识别模式和顺序并加以逻辑、科学的分析，对自然界的各种数量关系和形状、空间概念能正确地去了解的能力。数学智能强的人对于逻辑思考、抽象观念及事物的因果关系特别敏感，是用理性解决事情的人。这类人群包括科学家、数学家、会计师、工程师和电脑程序设计师等。

3．空间智能

具有空间智能的人，一般形象思维比较好，具有准确感觉视觉空间的能力。空间智能强的人，对色彩、线条、形状、形式、空间关系很敏感，有辨别空间方位的能力，还喜欢看书中的插图和图表。此类人通常包括航海家、飞行员、建筑师、雕塑家等。

4．动作智能

动作智能是使人巧妙地调整身体的技能，每个人都或多或少具有这方面的智能。在西方国家，虽然人们不像重视认知技能那样重视动作技能，但是对于许多成功人士而言，善于支配自己身体的能力是他们获取成功不可或缺的条件，运动员、舞蹈者、外科医生和手工艺者都是例证。

5．音乐智能

音乐智能是指具有察觉、辨别、改变和表达音乐的能力。这项智能包括对节奏、音调、旋律或音色的敏感性。这类人包括调音师、指挥家、作曲家、乐手、歌手、音乐评论家等。

6. 人际智能

人际智能，简单地说就是人际交往方面的能力。它是指能够善解人意、与人有效交往的才能。这类人中以教师、社会工作者、政治家等为代表。

7. 内省智能

内省智能是指一个人内在的思想活动、情感冲动的能力。它本身可以在完全接收不到信息的密室里继续工作，它是对已经吸收的信息进行再加工处理的能力，是对各种信息内在联系的感知和对人自身的认知。这种认知所产生的新信息才是一个人真正宝贵的信息，它往往会成为人类的财富。这类人包括心理学家和哲学家等。

8. 自然观察智能

具备这种智能的人擅长确认某个团体或种族的成员，分辨成员或种族间的差异，并能察觉不同种族间的关系。农业人员、植物学家、猎人、生态学家、庭园设计师等都有这种智能。

霍华德·加德纳的多元智能理论，打破了传统智能理论，这说明每个人在这8种智能上所拥有的量参差不齐，组合和运用的方式各有特色，所以每个人都各有所长。

霍华德·加德纳的理论为人的个性特长提供了一个更开阔的图像——思维导图。思维导图就是全方位地开发每个人各具特色的智能，让每个人的潜能都有获得充分发展的机会。

利用思维导图的丰富性，可以有效地引导我们充分发挥大脑的潜能，即将100多亿个脑细胞之间的相互联系全部打通，将整个大脑网络联系起来。也就是说，只有会全脑思考的人，才能够开启宝藏的大门，才能够激发自己潜在的能量，让自己有效地思考。

值得注意的一点是，作为一个有效思考者，并不需要很高的智商。

要知道70%的发明家和创造者的智商都在135分以下。如果说智商是先天的，那么情商与创造力便是后天培养而成的。

因此，随时随地使用思维导图，能时刻提醒你运用全脑思考，帮助你迈向成功之路。

发散性的思维方式

我们所说的思维导图，从根本上来说就是发散性思维的表达，作为思维发展的新概念，发散性思维是思维导图最核心的表现。

比如下面这个事例：

在某公司的活动中，公司老总和员工们做了一个游戏。

组织者把参加活动的人分成了若干个小组，每个小组选出一个小组长扮演“领导”的角色。“领导”的台词只有一句，那就是要充满激情地说一句：“太棒了！还有呢？”其余的人扮演员工，台词是：“如果……多好！”游戏的主题词设定为“马桶”。

主持人宣布游戏开始的时候，大家出现了一阵习惯性的沉默，但不一会儿，突然有人开口：“如果马桶不用冲水，又没有臭味多好！”

“领导”一听，激动地一拍大腿：“太棒了！还有呢？”

另外一个员工接着说：“如果坐在马桶上不影响工作和娱乐多好！”

又一位“领导”马上伸出大拇指：“太棒了！还有呢？”

“如果小孩在床上也能上马桶多好！”

……

讨论进行得热火朝天，想法天马行空，出乎大家的意料。

该公司管理人员对此进行了总结，认为有3种马桶可以尝试生产并投入市场：一种是能够自行处理，并能把废物转化成小体积密封肥料的马桶；一种是带书架或耳机的马桶；还有一种是带多个“终端”的马桶，即小孩和老人都可以在床上方便，废物可以通过“网络”传到“主”马桶里。

这个游戏获得巨大的成功，得益于发散性思维的运用。

针对这个游戏，我们同样可以利用思维导图来表示。

大脑作为发散性思维联想机器，思维导图就是发散性思维的外部表现，因为思维导图总是从一个中心点向四周发散，其中的每个词或者图像都成为一个子中心或者联想，整个合起来以一种无穷无尽的分支链的形式从中心向四周发散，或者归于一个共同的中心。

我们应该明白，发散性思维是一种自然的思维方式，人类所有的思维都是以这种方式发挥作用的。发散性思维的大脑常常以一种发散性的形式表达自我，反映自身思维过程，给我们的生活和学习带来更多更大的帮助。

巧用发散思维思考

发散思维能够打破思考过程中许多约定俗成的规矩，在学习过程中，不应该用一成不变的眼光去看待问题，而应该多角度思考，以扩展思维视野。

我们都有这样一个坏习惯，在遇到问题时局限于用常规思维思考，而不善于运用发散思维思考。

美国思维训练专家罗杰·冯·欧克曾经讲述过他学生时代的一件事。

那天在课堂上，老师用粉笔在黑板上点了一个圆点儿，然后问同学们这是什么。

有人回答说：“是黑板上的一个粉笔点儿。”

其他同学都松了一口气，最明显的答案已经被人说出来了，其他人就没有什么可说的了。

这时，老师说："昨天我和一群幼儿园的小朋友一起做同样的练习，他们一共说出了 50 多种不同的答案，有猫头鹰的眼睛、天上的星星、鹅卵石、捏扁的臭虫、腐烂的鸡蛋、小水滴，等等，为什么在你们眼中它就只是一个粉笔点儿呢？"

后来罗杰·冯·欧克回忆起这件事时感慨地说："从幼儿园到高中的 10 年里，我们学会了如何找到唯一正确的答案，却丧失了寻找其他答案的能力。我们学会了怎样做到更具体、更明确，却丧失了大部分的想象力。"

其实，罗杰·冯·欧克所谓的"丧失了大部分的想象力"，指的是不能运用发散思维去思考问题。

思考是学习的灵魂。在学习中，知识固然重要，但更重要的是驾驭知识的头脑。如果一个人不会思考，只是知识的奴隶，知识再多也无用，而且也不可能真正学到知识。

知识的学习重在理解，而理解必须通过思考才能实现。思考的源泉是问题，在学习中应注意不要轻易放过任何问题，有了问题不要急于问人，应力求独力思考。自己寻找问题的正确答案，有利于思考能力的提高。

科学家爱因斯坦说："解决问题可能只是技巧而已，而提出新的问题，需要创造性的想象力……提出一个问题，比解决问题更为重要。"思维比方法更重要，有思维才有方法，思维创造方法。

有一天，一个牧师正在家里准备布道用的材料，他的小儿子一直吵闹不休。牧师灵机一动，从杂志上撕下一页地图，撕成碎片，对小儿子说："宝贝，地图被弄坏了，你要是能把它拼好，我就给你两美元。"小儿子高高兴兴地接过了那些碎片。牧师长吁了一口气说："现在好了，至少够他玩半天的，我可以安心工作了。"

没想到，不到十分钟，他的小儿子就回来了，对他说："爸爸，给我那两美元吧，我把地图拼好了。"

牧师大惑不解：怎么会这么快就拼好了呢？

小儿子神气地把刚刚粘好的地图翻过来，说："你看，地图背后是一位明星的画像。我不熟悉要拼的地图，但是如果这个明星的画像正确，地图就肯定是正确的。"

如果我们沿着固有的思路，认真地投入到寻找地图碎片中去，肯定会浪费很多时间，事倍功半。牧师的小儿子只是在拼图之前多想了一小步，便发现了地图背后的秘密。这就是发散思维。

发散思维无处不在，比如，盆里装满了水，在不接触盆的情况下，如何才能使盆变空呢？

也许你会想到用根吸管把盆里的水吸干，也许你会想到用加热的办法使水蒸发掉，也许你还会想到找只骆驼来把盆里的水喝干。除此之外，你也许有更多的办法，只要经常使用发散思维你的思路就能越来越开阔。

如果你能想到别人所不能想到的，你的思维方式就又前进了一大步，达到了创新思维的境界。你应该尽可能地发挥自己思维的潜能，抛开所有的习惯性思维，发挥想象力，不去考虑自己的想法有多么可笑或者离奇，不去在乎别人的看法，勇敢地去想象，这样潜能才能被激发出来。

例如，学英语时，我们就可以采用发散思维，就最近学习过的一个单词发挥联想，写出与这个单词词意有关联的其他单词。

如就 discuss 一词展开联想，我们可能会说出以下的一些单词：talk，doubt，think，regret，judge，sure，parliament，mistake，committee，director，wonder 等。

要想让自己拥有杰出的发散思维能力，不妨按照以下几个步骤来进行练习。

首先，学会充分发挥自己的想象力。人的想象力和思维能力是紧密相连的，在进行思考的过程中，一定要学会运用想象力，使自己尽快跳出原有的知识圈子，只有让思路不局限于一点，思维才能更加开阔。

其次，不要过分紧张。要想进行发散思维，必须拥有一个较好的思维环境，同时应该保持较好的心情，这就要求我们在碰到问题的时候不能过于紧张。紧张只能使人方寸大乱，对解决问题没有丝毫助益。

最后，要掌握发散思维的方法。思考问题的时候不要从单一的角度进行，应该学会从不同角度、不同方向、不同层次进行，同时对自己所掌握的知识或经验进行重新组合、加工，以找到更多解决问题的办法。

发散的角度越多，我们掌握的知识就越全面，思维就越灵活。在学习中，对于有新意、有深度的看法，我们应该大胆地提出来，和老师同学一起探讨，从而激发我们的发散思维。当我们的看法出现错误时，也不要觉得不好意思，这只能说明我们的想法还不完善。做到以上几点才能让我们在一个宽松、活泼、能充分发表自己观点的氛围中，展现个性，展现能力，展现学习成果。

第五章

开发你的左右脑

照相机式的大脑

“昨天晚上吃了什么?”当听到这个问题时，你的脑海中就会浮现出昨晚餐桌上一道道菜肴：冒着热气的水煮鱼，红黄相映的西红柿鸡蛋汤……而“水煮鱼”“西红柿鸡蛋汤”这样一个个的字眼恐怕很难出现在你脑中。

当我们想起什么的时候，那个场面的图景就会出现在眼前，这是因为我们的大脑有照相机一样的功能，很多记忆是以图像的方式存储在大脑中的。大脑这种形象的图片式记忆是右脑的一种记忆方式。右脑在记忆什么内容时，往往会把它作为图像摄入脑中，无论是文字还是图片。

照相记忆法相对于传统的通过背诵、反复来记忆，要更为简单而且持久。例如，我们看过一部历史片后记忆中所保留下来的东西，要比看一节历史教科书所记忆的多，而且更难于被忘记。相对于右脑的这种照相记忆法，左脑记忆既费力又容易被忘记，是一种劣质记忆。掌握了照相记忆法的人，会拥有照相机般的记忆，能极大地提高记忆的效率。

两种照相记忆法

照相式记忆分为视觉型照相记忆和听觉型照相记忆。

对于视觉型照相记忆，大家很容易理解。世界上约有60%的人属于这一人群，他们善于把文字转换成图片来记忆。相较于口头传播，这些人更喜欢书面的东西。使用视觉照相记忆法的人在回忆一些文字作品时，脑中出现的不是一个个文字，而是写着文字那页纸的图像。因此，比起逻辑记忆法，视觉照相记忆法能够记住更大量的信息，而且记忆的速度更快。

听觉型照相记忆，是指人们在听过一些声音之后，会在脑海中对之进行重现。我们身边就有一些人，他们的听觉记忆十分敏锐。一首歌往往只听一次，就可以把歌词或曲调记下来。莫扎特就拥有很强的听觉照相记忆能力。据说，他14岁时在意大利的一家教堂里听了著名作曲家格里戈里奥·阿利格利著名的多声部合唱《赞美歌》之后，竟然默写出了各个声部的总谱，着实令人惊异。

发现你的照相记忆能力

照相记忆，也被称为直觉图像，它指的是这样一种现象：当你想起一件事物时，它就会从感觉上明晰地再现，并按照其意思出现在相应的位置。这种记忆的能力每个人都具有，在6岁以下的儿童身上尤为突出。小孩子总能认识曾经见过的图像，但是很难说出图像的名字，由此可以看出，他们对于图像的记忆能力很强。小孩子识字的过程也体现了这一点，他们通常会认识很多字的形状，却不明白它们意思。

孩子之所以拥有很强的照相记忆能力，是因为他们的思维习惯还没有受到传统的“先理解后记忆”的左脑式学习的束缚，这给了他们的右脑较大的发挥空间，而右脑最擅长的就是图像能力。12岁以后，孩子的语言、逻辑能力得到飞速发展，右脑的图像辨识、回忆能力却下降了。不过，如果注重左右脑均衡开发，这种能力可以一直保持下去。

照相记忆的生理机制

左脑被称为“语言脑”，擅长逻辑的、理性的分析，适合用来处理文字、计算等内容。左脑在处理信息时要遵守逻辑顺序，所以速度较右脑要慢一些，效率也低一些。

右脑则被称为“图像脑”，偏重感性、直观的因素，适合处理艺术领域的内容，例如音乐、绘画等。与左脑相比，右脑记忆不需要花费很多时间来推理的图像，所以它的效率要高很多。

右脑的照相记忆可以让人们做到过目不忘。学会右脑记忆，可以使记忆的能力大大提高。我们现在的教育是重左脑、轻右脑，因此，右脑的潜力一直被掩盖在左脑的光环下。在日常生活中我们一定要注重开发自己的右脑思考和记忆能力，多多进行一些开发右脑的训练，打开右脑的深层学习回路，这样才能充分挖掘右脑的潜力。

怎样打开右脑回路

答案是朗读和背诵。当我们背诵的时候，单纯地大量背诵靠的是右脑，当我们对背诵的内容进行思考的时候，就在运用左脑。左脑的语言区在我们听到或思考语言内容的时候就开始工作，但是它的记忆能力差，时间短。如果要让信息到达大脑的深层，就尽量不要用语言区，而是让听觉区来工作。

一旦精神集中于听觉区，听觉区神经的兴奋就会抑制语言区神经细胞的活动。这个时候，照相记忆就开始发挥作用了，我们迅速浏览过的内容会像图像一样印在脑中。

照相记忆的作用

（1）照相记忆可以培养直觉思维。照相记忆不同于左脑“用途论”式的思维方法，它不是先理解后记忆，而重视对客观事物的直接洞察和领悟。这种直觉的东西往往是感性的，就像小孩子背诗，他们无法理解诗句背后隐藏的意思，而只是从字面上来理解诗的感情。

（2）照相记忆可以促进想象力。照相记忆法是一种图片记忆法。运用这种记忆法人们在想到某个事物时，会在脑海中显现出它的图像。这种方法有助于培养人们想象的一些场景，在想象中自由翱翔。

（3）照相记忆能够开发创造力。右脑照相记忆在工作的时候，脑中充满各种活跃的、跳动的形象，大脑会把这些看似毫无关联的形象联系起来，得到一些新奇的设想，产生创造力。

不可回避的遗忘规律

在日常生活中，我们经历过的事情、体验过的情感、思考过的问题等，都会在大脑中留下一定的痕迹。这些痕迹在日后一定的条件下，可能被重新“激活”，使我们重现当时的情境或体验。

假如，某天有人问你，你能记得回家的路线吗？

也许你会反驳道：“一只小狗都认得回家的路，难道我会不认得吗？”

倘若又有人问你，如果你想记住你爸爸的生日，能记得住吗？你可能回答说：“当然没问题了，一次记不住，可以10次、20次……一天记不住，可以10天、20天……”

如果以上两个问题你都回答了“是的”，那就表示你与我们达成了共识。从理论与实践上来说，每个人都可以记住任何他想要记住的东西，只有当记忆量大的时候，才会出现“部分遗忘”的情况。

记忆的对立面就是遗忘，在认识遗忘之前，我们应对记忆有个大致了解。

记忆是大脑对于过去经验中发生过的事情的反映，是过去感知过的事物在大脑中留下的痕迹，记忆是智力活动的仓库。

简而言之，记忆就是把需要记忆的元素形成一种联结，是学习的过程。随着脑科学的发展，人们对记忆的认识不断更新，对记忆分类的方法也在不断更新。

一般的分类是将人类的记忆按照记忆发生和保持的时间的长短分为即时记忆、短时记忆、长时记忆。

1．即时记忆

即时记忆又称瞬间记忆，通常情况下，多数人并不会特别注意它。对即时记忆的最佳描述是：用它来记忆一些立即要做出反应的信息。

即时记忆经常被应用于我们的生活中，比如当你打开通讯录逐一打电话给自己的朋友时，每个电话号码的记忆只维持到接通为止；比如读者在读书时，对每个字的记忆也只维持到能将下一个字的意思连贯起来为止。但如果有人问，在这段文章中，“我”这个字出现了多少次，读者多半答不出来。但是对上面这些字读者必须记住一段时间，否则就不能了解它们所在句子的意思。这种将信息维持到足以完成工作的时间，就是即时记忆的特性。

或许我们会有这样的经历，走路时，看到沿途的建筑物、风景、奔驰而过的汽车、穿梭的行人、可爱的小狗，听到各种不同的声音，这些都作为即时记忆进入脑海。只要不是特别引人注目的事情，就会很快被忘记。听见身后的汽车鸣笛便躲开，看见前面有水洼就绕着走，诸如此类事情都没必要长时记忆，因此瞬间记忆在生活中是不可忽视的。

2. 短期记忆

短期记忆是一个中继站，等待记忆的内容在这里可以被有意识地保存着，并为进入长时记忆做好准备。不过，短期记忆的容量是有限的。有时，我们为了能够将某些材料记住几个小时，譬如一份简单的报告、一部准备第二天演讲的稿子、一篇即将讨论的学习主题等，必须通过巩固程序，将即时记忆过渡到短期记忆。

其实，这就是我们在巩固进入大脑的东西，并让这部分信息的印象停留在脑海中超过30秒的时间。这种记忆被人们称为短期记忆。

3. 长期记忆

长期记忆与短期记忆最显著的差别，就是长期记忆的信息容量非常大，而且信息可以被长期保存。长期记忆所保存的信息并不是一成不变的，也会随着时间的流逝而发生一定程度的变化。

各种信息在长期记忆系统中的组织情况决定了从长期记忆中寻找信息的难易程度。组合信息的技巧有很多，最重要的是要有一个基本认识：组织信息远比取出信息时的工作重要。

有时你会觉得很难记起一天或一周前所学的东西，主要的原因便是没有系统地把学到的东西加以组织，再输入记忆系统。假如你这样做了，记忆时就不会那么难了。总而言之，要增强记忆，首先要改善对信息的组织能力。

对记忆有所认识以后，我们继续回到遗忘上。一般来说，对于识记过的事物，不能回忆，则称为遗忘；如果既无法回忆又无法认知，则称为完全遗忘。

也可以说，遗忘是指记忆元素之间的链接淡化甚至消失，导致你再也不能回忆起来。遗忘也分为暂时遗忘与完全遗忘。

记忆和遗忘与人类生活息息相关，无时无刻不在影响和改变着我们的生活。

记忆在每个人身上的表现是不同的，有的人过目不忘，有的人则相对弱些。我们都会有这样的经历，如果一个东西多次出现在眼前，我们对它的印象就深一些，反之就会自然遗忘。记忆与遗忘就如同自由和约束的关系一样，如果没有遗忘，便无所谓记忆。

德国心理学家艾宾浩斯提出了著名的艾宾浩斯遗忘原理，对人类的记忆产生了积极的影响。举个学习中的小例子，如果你在记忆单词时，只记忆了一次，第二天或者第三天就会忘记它。所以，想要记住一样东西必须反复地复习记忆，以达到牢记状态。

实践证明，遵循艾宾浩斯遗忘原理进行复习和记忆，耗时将会是最少的。或许你会说“有些东西很特别，我看过一次就永远牢记了”，事实上是由于它存在特殊性，因此在后来你经常会无意回忆，也就是说，你已经在不知不觉中复习了它。

从艾宾浩斯遗忘曲线可以总结出遗忘的一般规律：人们在记忆材料 20 分钟之后，遗忘率达到 42%；1 小时后的遗忘率高达 56%；9 小时之后达到 64%。

由此可见，记忆内容在最初的时候最容易被遗忘，时间愈久，则遗忘的速度越慢。掌握这个规律，我们便可以在记忆过程中采取相应的对策，在遗忘内容之前适时地加以复习。在不同的时间复习需要记忆的内容，会产生截然不同的记忆效果。如果是抢在遗忘的高峰之前复习记忆内容，那么强化记忆、加深印象的效果会更明显；如果是在遗忘以后复习，那么这就意味着要重新学习，导致浪费时间。

这就是许多人学了忘，忘了学，再学了忘，忘了学，进入恶性循环的原因。如果能掌握好遗忘规律，提高记忆效率，就能达到事半功倍的效果。

我们只用了大脑的10%吗

很多观点认为，人类对大脑的开发还不够充分，甚至只是皮毛。还有观点明确提出，人类的大脑有很大的潜力，我们目前对大脑的开发只占到了大脑潜力的10%。这一观点早在一个多世纪以前，就在美国产生了。目前，它在世界上许多国家都十分流行。

但是，对于这一观点，许多神经学家和从事大脑研究的科学家提出了不同意见，他们认为这样的观点毫无根据。在他们看来，大脑的每个零件都是很有用的，只有这些零件各尽其用，大脑才可以正常运转。

那么，大脑只被开发了10%的观点是怎样流传开来的呢？

原因之一就是这种观点迎合了大众的心理："我们的大脑还存在90%的未被开发的领域，那么，如果我们有可能开发剩下的部分，哪怕只开发1%，也会变得比现在聪明得多，伟大得多"——这真是一个打动人心的卖点。人们会据此推断出，我其实也和爱因斯坦一样聪明，只是我的大脑潜力没有被好好发掘而已，如果我也懂得如何去开发大脑，我就可以成为爱因斯坦。

另外，一些人利用这个观点作为其推出脑力开发项目的理论基础。卡耐基曾经就在其风靡整个20世纪40年代的书中提出了这一观点，而且他指出，这个观点是现代心理学奠基人威廉姆·詹姆斯首先提出的。但实际上，詹姆斯并没有在其作品中明确提出"我们只用了大脑的10%"的言论，他只说过，人类大脑的潜力要大于它实际被人们使用的量。10%的数据恐怕只是以讹传讹的结果。

很多对超感官知觉和其他心理现象着迷的人们也十分推崇"大脑只被使用了10%"这一观点，因为他们要据此来解释超感官知觉的存在。为一个非科学实际的概念寻找科学实际的证据，是很多人会采用的做法，但这样是很荒谬的。

我们可以用逆向思维的方法来将这个观点证伪。如果大脑的绝大部分现在还没有被派上用场的话，人们在大脑受到损伤的时候就不会有什么大碍了。但是，我们的常识告诉我们，实际的情况并不是这样的。通过功能显像对大脑的监控，我们可以发现，再简单的大脑活动也需要整个大脑的参与。

也许有人会说，大脑某些区域的功能太复杂了，以至于即使受到一些伤害，也不会有大的影响。他们可能会说，大脑皮层额叶受伤的人仍然可以完成大部分的普通行为。或许对于实验室里的小白鼠，这样的观点可以成立。但是对于行为活动更为复杂的人类，额叶有重要的作用，其损伤会使人们不能保持连贯的一系列行为，难以适应人类社会生活。

总而言之，大脑并非只被使用了10%，它的每一部分都被赋予了重要的作用。我们可以通过一些大脑开发训练来改善自己的思维习惯和提高记忆力。

左脑喜欢诠释，右脑实事求是

我们平常所说的“左脑”和“右脑”指的是两块不同的大脑皮层，它们就像两台精密的计算机，但在功能上的差别十分惊人。

左脑具有主管语言、数学以及其他形式的逻辑推理能力。左脑就像是一台翻译器，它会对人们接收到的信息利用逻辑来进行分析解释，这个功能有时候似乎有强迫症，因为即使对没有什么意义的事情，左脑也强迫自身做出一些牵强附会的解释。因此，左脑很可能成为记忆失误和虚构的罪魁祸首。左脑在记忆时依靠语言，遵从逻辑顺序，我们把这种记忆方式叫作“直线处理记忆”，它采用的是从局部到聚积式的工作方式。

相对于左脑，右脑显得客观很多，它只是如实反映事实的真相，通过身体的感官对事物进行认识。所以，右脑倾向于把事物作为图像来记忆，这种方法被称为“平行处理记忆”，它采用的是从整体到局部的并列式工作方式。

右脑是“图像脑”，它侧重于处理感官的、想象的以及随意的影像。右脑通过图像进行思考和记忆，所以它倾向于把接触到的一切信息转化成图像。不仅仅是语言，甚至连声音、气味，右脑也可以把它们转化成图像。当你听到或读出任何内容，右脑就会自动地在其影像库中寻找它所对应的形象，然后将事物的名称与它的图像以及人们对它的感觉联系起来。

天才们的右脑能力都得到了开发

经常使用右脑，是天才们拥有的一个共同点。利用各种训练来培养右脑能力，是成就天才的过程中一个必不可少的环节。

要培养右脑能力，就应该学会向右脑中输入信息。如果信息只被输入进了左脑，那它就只能再从左脑中被输出。大脑中一定要有直觉图像的能力和想象记忆力，这是右脑得到充分开发的必需。

许多天才都有一个共同特点，就是爱使用右脑，这种右脑能力的使用在他们成为天才的过程中是必不可少的。

在前面的内容中，我们曾提到过莫扎特的故事。爱因斯坦说，他在思考问题的时候，脑子里出现的不是语言，而是各种活动的形象。据伽利略的父亲说，伽利略在小的时候就表现出他的天文天才，他能看到别人看不到的奇妙景象，听到别人听不见的声音。

我国唐朝时的大书法家虞世南就拥有这种超凡的记忆力。相传有一次，唐太宗召他入宫撰写 105 名烈女的事迹，并把烈女们的主要事迹给他讲述了一遍。虞世南听完后，凭着自己的记忆力，一边构思，一边挥毫，只花了一昼夜工夫就把烈女们的小传用工楷誊写在了大明宫的屏风上。太宗细细校阅过后，发现竟没有一处错误或改动的痕迹。

《三国演义》第六十回有一个“张永年反难杨修”的故事：张松（字永年）到许都求见曹操，曹操见张松生得矮小，相貌又丑，就有意冷落他，一边洗脚一边接见他，张松憋了一肚子气。第二天，曹操的掌库主簿杨修拿出曹操新著的兵书《孟德新书》给张松看，想借此展示曹操的才能。

谁知道张松只把书草草翻看了一遍，就笑着说：“此书吾蜀中三尺小童，亦能暗诵，何为新书？此是战国时无名所作，曹丞相盗为己能。”杨修不信，张松说：“如不信我试诵之。”于是将《孟德新书》从头至尾背诵了一遍，并没有一字差错。杨修大惊，把这件事告知了曹操。曹操疑惑地说：“莫非古人和我想的都一样？”认为自己的书没有新意，就让人把那本书烧了。其实曹操上了张松的当：并非有一本古书跟《孟德新书》一样，张松之所以能过目成诵，是因为他拥有超常的记忆力。这就是一个右脑记忆的例子。

天才们的右脑都得到了开发，这是值得我们学习的地方。

右脑的记忆力是左脑的100万倍

关于记忆，也许有不少人误以为“死记硬背”同“记忆”是同一个道理，其实它们有着本质的区别。死记硬背是考试前的临阵磨枪，实际只使用了左脑，而记忆才是动员右脑积极参与的合理方法。

在提高记忆力方面，最好的一种方法是扩展大脑的记忆容量，即扩展大脑存储信息的空间。有关研究表明，在大脑容纳信息量和记忆能力方面，右脑是左脑的100万倍。

首先，右脑具有储存图像的功能，它拥有卓越的形象能力和灵敏的听觉，人脑的大部分记忆，是以模糊的图像存入右脑中的。

其次，按照大脑的分工，左脑负责记忆和理解，而右脑只要把知识信息大量地、机械地装到脑子里就可以了。右脑具有左脑所没有的快速大量记忆机能和快速自动处理机能，后一种机能使右脑能够超快速地处理所获得的信息。

这是因为，人脑接受信息的方式一般有两种，即语言和图画。经过比较发现，用图画来记忆信息的效果，远远超过语言。如果记忆同一事物时，在语言的基础上加上图画，信息容量就会比只用语言时增加很多，而且右脑本来就具有绘画认识能力、图形认识能力和形象思维能力。如果将记忆内容描绘成图画，而不是单纯使用语言，就能通过最大限度动员右脑的这些功能，发挥出高于左脑100万倍的能量。

另外，创造“心灵的图像”对于记忆十分重要。

那么，如何才能操作这方面的记忆功能，并运用到日常生活中呢？

1. 图像要尽量清晰和具体

右脑拥有的创造图像的力量，可以让我们“想象”出图像以加强记忆，而图像记忆正是运用了右脑的这一功能。研究已经发现并证实，如果在感官记忆中加入其他联想的元素，可以加强回忆的功能，加速整个记忆系统的运作。

所以，图像联想的第一个规则就是要创造具体而清晰的图像。创造具体、清晰的图像是什么意思呢？比方我们来想象一个少年，你的“少年图像”是一个模糊的人形，还是有血有肉、呼之欲出的真人呢？如果这个少年图像没有清楚的轮廓，没有足够的细节，那就像将金库密码写在沙滩上，海浪一来就不见踪影了。

下面，让我们来做几个“心灵的图像”的创作练习。

（1）创造“苹果图像”。在创作之前，如果你可以先想想苹果的品种，然后想一下苹果的颜色是红色还是绿色或者黄色，再想一下这个苹果的味道是偏甜还是偏酸。

（2）创造一幅“百合花图像”。我们不要只满足于想象出一幅百合花的平面图片，而要练习立体地去想象这朵百合花，是白色还是粉色，是含苞待放还是娇艳盛开。

(3) 创造一幅“羊肉图像”。看到这个词你想到了什么样的羊肉呢？是烤全羊，还是血淋淋的肉片，还是放在盘子里半生不熟的羊排？

(4) 创作一幅“出租车图像”。你想象一下出租车是崭新的德国奔驰，还是老旧的捷达，或者是一阵黑烟（出租车已经开走了）？车牌是什么呢？出租车上有人吗？乘客是学生还是白领？

这些注重细节的图像都能强化记忆库的存盘，大家可以在平时多做这样的练习来加强对记忆的管理。

2. 要学会抽象概念借用法

如果提到光，应该是什么样的图像呢？这时候我们需要发挥联想的功能，并且借用适当的图像来达成目的。光可以是阳光、月光，也可以是由手电筒、日光灯、灯塔等反射出来的；如果提到美味的饮料，应该是什么样的图像呢？它可以是现榨的新鲜果蔬汁，也可以是香醇可口的卡布奇诺，还可以是酸酸甜甜的优酸乳。

3. 时常做做“白日梦”

当我们的身体和精神处于放松的时候，更有利于右脑对图像的创造，因为只有身心放松时，右脑才有能量创造特殊的图像。当我们无聊或空闲的时候，不妨多做做白日梦，在这种全身放松的状态下所做的白日梦，都是有图像的，是我们用想象来创造的很清晰的图像。因此应该相信自己有创造图像能力，不要给自己设限。

4. 通过感官强化图像

通过 5 种重要的感官——视觉、听觉、触觉、嗅觉、味觉来记忆。

另外，夸张或幽默也是我们加强记忆的好方法。

如果我们想到猫，可以是名贵的波斯猫，想象它玩耍的样子。如果再给这只可爱的猫咪加点夸张或幽默的色彩呢？比如，可以把猫想象成动画片中的机器猫，或者是黑猫警长，猫会跟人讲话，猫会跳舞等。这些夸张或者幽默的元素都会让记忆变得生动逼真。

总之，图像具有非常强的记忆协助功能，右脑的图像思维能力是惊人的，调动右脑思维的积极性是科学思维的关键所在。

当然，目前发挥右脑记忆功能的最好工具便是思维导图，因为它集合了图像、绘画、文字等众多功能于一身，具有不可替代的优势。

被称作天才的爱因斯坦感慨地说：“当我思考问题时，不是用语言进行思考，而是用活动的、跳跃的形象进行思考。当这种思考完成之后，我要花很大力气把它们转化成语言。”

因此，也可以说，所谓的天才，是左右脑并用的结果，而不是左脑单独努力运转的奋进结果。我们应学会发挥右脑的形象思维和创新功能，在自己的人生中享用独有空间所带来的无穷发现，引导自己走上成功之路。

曼陀罗训练——开发右脑照相记忆

这里的曼陀罗是指使用红、绿、蓝、橙4色绘制的上下左右对称图形，曼陀罗训练就是通过凝视这种4色的曼陀罗图形，记住每个曼陀罗的形状和颜色，然后在记忆中再现。

进行这种训练法的步骤是：

（1）连续盯着曼陀罗图；

（2）看5秒，然后闭眼5秒，同时暗示自己在闭眼睛时让图像尽可能长时间地停留在眼前。睁开眼后，看着图背面的黑白曼陀罗图像，并将它的颜色回忆出来。

这种利用色彩来培养右脑想象力的训练方法能够激活右脑。

西藏密宗的僧侣们潜心从事一种被称为“曼陀罗观想法”的修行，其方法与曼陀罗训练相似：僧侣们紧盯曼陀罗一会儿，然后闭上眼睛，使曼陀罗的图像在脑海中尽可能长时间地停留。这些僧侣们相信，人的生理、情感、思考、精神能够还原为图像，所以，要学会使用图像来操纵这一切。经过这种长期的训练，僧侣们能够感知到常人难以发现的景象。

这其中并没有什么神秘的因素存在，任何人都可以通过训练获得这种能力。曼陀罗训练的关键是坚持，至少要持续3个月。这样的话，右脑额叶沉默区的细胞才会发生变化，一直未加以利用的能力回路才会被逐渐打开，脑神经连接数量也会开始增加。当神经传递回路周围发生髓磷脂鞘化，形成蜡膜，我们就可以清楚地看到脑海中的图像了。

经过曼陀罗训练后，右脑的照相记忆功能会得到加强。人们能像照相机那样，瞬间把事物的图像印在脑中，当你在想起这个事物的时候，它的图像就会出现在你的脑海中。

通过曼陀罗训练，人们可以很容易地记忆大量的信息。一个接受过曼陀罗训练的人，可以在很短时间内记住一本30页的书。然后一字不差地背诵出来，他说："当我背诵的时候，我眼前会出现书页的画和句子。"

介于左脑记忆和右脑记忆之间的记忆术

记忆有自然记忆和人为记忆之分。我们这里提到的记忆术，是指通过人为的、刻意的努力来记忆的方法。经由这种方法获得的记忆，既不能被归为左脑记忆，也不能被划入右脑记忆的范围，它是一种介于左脑和右脑之间的记忆。

记忆术既需要语言的帮助，又得依靠图像来记忆，所以它兼具左脑性和右脑性记忆的特点。我们利用记忆术来听的时候，听到的内容并不会立刻变成图像出现在脑海中，而是经过大脑有意识地加工后，才成为记忆，因此，这种记忆也不属于右脑记忆。

记忆术的训练有助于开发右脑记忆。因为在进行这种训练时，我们有意识地把一些信息转化成图像来记忆，当我们再次听到这些信息的时候，我们的脑中就会立刻出现相应的图片。这样，我们就把人为记忆变成了右脑记忆。

这种记忆术形成于没有文字的时代，古时候没有像现在这样的纸，羊皮纸也是极少数的人才能用到的。因此，他们靠自己的脑袋来记忆大量的信息，然后将这些信息口头传授给下一代。许多古人拥有神奇的记忆力。据说古罗马著名的演说家西塞罗在晚上结束一天的生意之后，可以按照顺序想起来每一笔交易中买主的长相、交易的物品和价钱。

古人十分重视记忆术，从记忆术（mnemonics）这个词就可以看出来它的重要程度，这个词来源于希腊神话中记忆女神莫涅莫辛涅（Mnemosyne）的名字。神话中，宙斯在众女神中和她来往最密切，由此显示了她的重要性。据说达·芬奇和米开朗琪罗也拥有这种能力，还有拿破仑，他可以记住所有部下的长相，这些人都是用了这种记忆术。

记忆术是将地点和图像结合起来的记忆。关于这种记忆的方法，还有一个故事呢！一天，记忆术的始祖——希腊诗人西摩尼得斯在贵族斯科帕斯举行的宴会上吟诵了一首赞美主人的抒情诗。诗中还赞美了双子座的双神卡斯达和波力克斯。吝啬的主人只肯给他一半酬金，并说另一半应由双子神来支付。

过了一会儿，侍卫通报说外面有两个人要见西摩尼得斯，西摩尼得斯出去后，发现没有任何人要见他。这时，大厅突然倒塌了，里面所有人都被砸得血肉模糊，分不清模样。

西摩尼得斯凭借着自己的右脑记忆术，清楚地回忆出每个人的位子，从而分辨出了每个人。原来，叫走他的就是双子神。

现在英语中“首先”的说法“in the first place”，就体现了这种将地点和图像结合起来记忆的痕迹。

全脑阅读法开发思维潜能

全脑阅读法是指在利用左脑的同时注意开发右脑的一种阅读方法，

对思维训练具有不可替代的作用。

全脑阅读法的观点是：在阅读中，共同开发左脑和右脑使之协调一致，彼此配合，以达到开发大脑潜能、提高阅读效率的目的。

全脑阅读法主要由 3 部分组成：

第一，全脑快速阅读。此法是人们从文字中迅速有效地提取所需信息的阅读法。人们习惯于从左向右的阅读顺序，传统的音读是从左脑输入信息的，阅读速度慢。全脑快速阅读是视读法，把文字当作图，从右脑输入信息，全脑处理。由于全脑直接反映而省去了发音和听觉器官的活动，所以大大提高了阅读速度。

第二，全脑图示阅读。此法的特色是以“图”析“文”，讲究形象性、整体性、凝练性和美学性。它也是从右脑输入信息，全脑处理。图示是展示文章的“屏幕”，学习文章的“导游图”，是阅读教学的微型形象课文。

第三，全脑反刍阅读。在这里，一是抓语感训练。通过诵读领悟法、触发意会法、语境揣摩法、比较推敲法、练笔感受法等，从整体上培养对语言的敏感。二是抓形感训练。通过说文解字法、角色扮演法、想象作文法等，培养对形象的敏感。三是抓语理训练。语理是指语文理法，即语法、修辞、文章、逻辑等法则。捷克教育家夸美纽斯说过：“规则可以帮助并且强化从实践得来的知识。”

上述 3 种训练方法，语感训练和形感训练偏重于右脑，语理训练偏重于左脑。左右脑协调，就能提高阅读效率。

在全脑训练过程中，我们还必须重视精读法。

精读就是读文章的时候逐字逐句、逐段逐节、深入细致地阅读，弄懂弄通和把握基本概念、理论、观点以及全部内容，并进行研究与探索，这样的阅读就是精读。

精读法有点像蚕吃桑叶，细嚼慢咽，便于消化吸收。那些自我进修、自学成才的人士，也多采用这种方式读书学习。

进行精读法训练时，我们应该做到：

第一，心到。集中精力，全神贯注阅读。

第二，口到。在朗读与背诵时，声音要清楚、响亮。

第三，眼到。眼睛及时聚焦，阅读仔细、认真。

第四，手到。边读书边做笔记或者摘要。

第五，脑到。在阅读的时候，勤奋用脑，不断思考。

阅读的目的在于学以致用，是为了分析问题、解决问题而进行阅读，专业人士由于工作与职业的需要，也要阅读图书资料，他们大多是精读。

对于某些自己喜欢的知识材料以及为了某些特定的目的，也可以展开精读。对那些无关紧要的或者与自己联系不大的资料，就不一定要精读了，以免浪费自己的时间、精力。

全脑阅读过程中，为了赢得时间，加强效率和效果，增强驾驭知识的能力，更有效地采用相关知识解决实际问题，就需把握详略。

在读书时如果面面俱到，什么也不舍得放弃，没有选择与侧重点，不掌握轻、重、缓、急，平均使用力量，就会造成精力与时间大量浪费。因此要采用略读的方法，学会、学透知识，并且加以实际运用。

不是什么内容都要略读。切记：略读并不是省略去掉不读，而是省略书中某些无关紧要的内容，选出重要或必要的内容进行阅读，千万不要误会成略读是把重要的内容省略不读。在下述情况下可展开略读：

某些阅读材料不需要精读、没有足够的精力与时间精读、阅读内容中某些部分同读者阅读关系不大等。

“一目十行”古来就有。《三国演义》中记述了张松速读曹操的《孟德新书》“一目十行”。他复述曹操这本兵书的内容，讥讽曹操这本兵书在四川人人都会，连儿童都知道，让曹操上了一个大当，当即烧毁了他自己苦心编出的这部兵书。由此可见这种速读技术的作用之大。

这种阅读可称为扫描速读，它是一种全新的、高效的阅读方式。当人们拥有这种技术之后，可以大幅提高阅读速度，比原来的阅读速度快8倍以上。用这种速读进行泛读、略读或精读，速度也比常人快。

扫描速读法不是指走马观花、粗枝大叶、草草了事，速读既要求快，又要求质量。扫描速读就是对阅读材料进行快速阅读，即采用超常的阅读速度和特殊技术进行阅读。这种速读技术通常要经过专门训练与练习，才能够加以掌握与运用。

进行扫描速读应该把握以下原则：

第一，快速反应原则。这要求我们在扫描速读之前高度集中注意力，快速反应，使眼睛与大脑灵敏自如、互相配合、协调一致。

第二，视读材料原则。可以采用不出声的泛读方式进行速读，即采用默读的方式，使注意力集中在关键的内容上面，对无关紧要的内容一扫而过。

第三，逐步提升原则。值得注意的是，此技巧要在把握速读思想之后，先慢后快，由慢到快，层层递进，不断升级，最后养成快速泛读的智力和习惯。

第四，掌握文法的原则。尽量熟悉连接词、副词等，以便于在速读的时间跳过去，腾出时间来抓关键的地方。

第五，注意积累原则。如果我们在平时要做足功夫，速读起来就比较有利。

第六，广泛运用的原则。即把速读在现实生活中广泛加以运用。

为了达到扫描速读的目的，还可以这么着手准备：

（1）浏览那些除正文之外的所有消息，这同精读、略读大致类似。

（2）关注封面，对阅读图书的书名、作者、出版社等进行浏览，做到心中有数，了解该书反映的主题，及对个人的意义。

（3）关注提要。这样做能帮助你判断是否需要读这本书，有没有阅读的价值。

（4）进行列表。这样做可以反映全书的整体架构，让人一目了然。

（5）看序、跋。序、跋反映了该书作者的相关消息，如作者的书面表达意图、背景、主旨等。

（6）阅读正文，正文是扫描速读的核心部分。

总之，不管你选择什么样的阅读方式，都应该建立自己丰富的知识体系，在这个基础上，进行全脑阅读法的训练，让阅读更快捷、更有效、更实用。

提高大脑记忆力九大法则

在学习思维导图的过程中，我们有必要对记忆的九大法则进行了解，以便帮助我们更好地绘制提高记忆力的思维导图。

1. 利用情景进行记忆

人的记忆有很多种，而且在各个年龄段所使用的记忆方法不一样。具体说来，大人擅长“情景记忆”，青少年则擅长“机械记忆”。

比如每次在考试前，采取临阵磨枪、死记硬背记忆法的大多数是青少年。也有一些孩子，在小学或初中时学习成绩很好，但一进入高中成绩就一落千丈。这并不是由于记忆力下降了，而是随着年龄的增长，擅长的记忆种类发生了变化，依赖死记硬背行不通了。

2. 利用联想进行记忆

联想是大脑的基本思维方式，一旦你知道了这个奥秘，并知道如何使用它，那么，你的记忆能力就会得到很大提高。我们的大脑中有上千亿个神经细胞，这些神经细胞与其他神经细胞连接在一起，组成了一个非常复杂而精密的神经回路。包含在这个回路内的神经细胞的接触点被称为突触，总数达到 1000 万亿个。突触的结合又形成了各种各样的神经回路，记忆就被储存在神经回路中，这些突触经过长期的牢固结合，传递效率将会提高，使人具有很强的记忆力。

3. 运用视觉和听觉进行记忆

视觉记忆力是指对来自视觉通道的信息的输入、编码、存储和提取，即个体对视觉经验的识记、保持和再现的能力。比如一个孩子某天在公园看见一只大花猫，过几天你拿出这只猫的图片，他会立刻认出这只猫是某天他在公园里见过的。这种能力称之为再认。

接下来，我们还可以让孩子用语言把他所看见的猫的形象描述出来或者用笔画出来，这就是再次产生这个形象的能力。其实，视觉记忆力对孩子的思维、理解和记忆都有极大的帮助。如果一个孩子视觉记忆力不佳，就会极大地影响学习效果。

相对视觉而言，听觉更加有效。由耳朵将听到的声音传到大脑知觉神经，再传到记忆中枢，这在记忆学领域中叫延时反馈效应。比如，只看过歌词就想记下来是非常困难的，要是配合节奏唱的话，很快就能够记下来。比起视觉的记忆，听觉的记忆更容易留在心中。

4. 使用讲解记忆

为了使我们记住的东西更长久，我们可以把自己记住的东西讲给身边的人听，这是一种比视觉和听觉更有效的记忆方法。但同时要注意，如果自己没有清楚地理解，就不能很好地向别人解释，也就很难深刻地记下来。所以，理解你要记忆的内容很关键。

5. 保证充足的睡眠

我们的大脑需要充足的睡眠才能保持更好的记忆力。有关实验证明，比起彻夜用功、废寝忘食，睡眠更能保持记忆。睡眠能保持记忆，防止遗忘，主要是因为在睡眠中，大脑会对刚接收的信息进行归纳、整理、编码、存储，同时睡眠期间进入大脑的外界刺激显著减少。我们应该抓紧睡前的宝贵时间，学习和记忆那些比较重要的材料。有些学生在考试前进行突击复习，通宵不眠，是得不偿失的。

6. 及时有效地复习

有这样一句话："重复乃记忆之母。"只要复习，就能很好地记住需要记住的东西。不过，有些人不论重复多少遍都记不住东西，这跟记忆的方法有关，只要改变一下方法就会获得更好的效果。

7. 避免紧张

不少人都会有这种经历，突然被要求在很多人面前发表讲话，或许之前已经做了一些准备，但开口讲话时还是会紧张，甚至突然忘记自己要讲解的内容。这就是人处于紧张状态对记忆产生的负面影响。虽然适度的紧张能提高记忆力，但是过度紧张的话，记忆就不能很好地发挥作用。

8. 利用求知欲记忆

不少人认为，随着年龄的增长，我们的记忆力会逐渐减退。其实，这是一种错误的认识。记忆力之所以会减退，与人们对事物的热情减弱、失去了对未知事物的求知欲有很大关系。对人们来说，记忆时最重要的是要有理解事物背后的道理和规律的兴趣。一个有求知欲的人即便上了年纪，他的记忆力也不会衰退，反而会更加旺盛。

9. 持续不断地进行记忆练习

要想提高自己的记忆力，需要不断地锻炼和练习，进行有意识地记忆。比如可以对身边的事物进行有意识地提问，多问几个“为什么”，从而加深印象，提升记忆能力。

在熟悉了记忆的九大法则后，我们就可以根据自己的情况，画出提高记忆力的思维导图了。

第六章

提高学习效率的10种方法

破除学习障碍，提高学习效率

“学习真是枯燥无味。”

“一提起上学、写作业、考试，我就头疼，想起来就恐怖。”

“一学习，我就想着玩。”

“学习是一种痛苦，不上学该多好。”

……

这是很多学生的心声，无奈、恐惧、烦躁、迷惘……学习对于他们来说似乎就是一种负担和煎熬，他们视学习为畏途。

今年上小学三年级的王克长得虎头虎脑，样子很可爱，可就是学习成绩不好，语文和数学从来没有考过60分以上，每次考试的最后三名总有他的名字。

他的父母对他已失去了耐心，两天一小“打”，三天一大“打”，但还是无法提升他的学习成绩。

其实这是很常见的现象，即智商正常，甚至比较高，但学习成绩总是很糟糕，也是我们所讲到的高能低分的现象，而这种现象大部分是学习障碍所致。

那么，什么是学习障碍呢？

学习障碍是教育界在20世纪60年代提出的一个新概念，是由学习能力落后和发展的不平衡造成的。

所谓学习障碍是指智力正常，但听、说、读、写、算和沟通技能方面出现滞后，从而导致的学习成绩低下的现象。

通常所见的学习障碍有以下3种：

第一类是书写障碍。

活泼开朗的佳佳今年读初中二年级了。可佳佳写字经常左丢一撇、右落一画，做数学题不是抄错数字，就是把加减符号看反了，而且写字速度相当慢，磨磨蹭蹭，有时写点作业就得花三四个小时。

佳佳的学习成绩经常在班上排倒数。老师怀疑他智力有问题，可经测试发现他的智商属于中上水平。

于是家长认为他的学习态度有问题，经常批评他。佳佳常常感到很委屈，他认为自己已经努力了，却总没有什么进步。

其实，这是学习障碍的一种表现，只要进行有针对性的专门训练就可以纠正和克服。

第二类是阅读障碍。阅读障碍是学习障碍中人数最多的，男生多于女生。

鹏飞是一个机灵的孩子，但在学习上感到很吃力；老师在课堂上讲的内容他时常记不住，下课后完成作业感到困难；阅读课文也有困难，读十遍都背不下来；对文字的理解差，特别是修改句子时错误较多；对应用题的理解也困难。经测查，他听觉、记忆能力落后，从而影响到听讲质量和概念理解，造成上述种种学习困难。

这类学生往往记不住字词，听写与拼音有困难，朗读时会不由自主地增字、减字，写作文语言干巴巴，阅读速度特别慢，需要逐字地阅读。

他们在下棋和玩电脑游戏方面很灵活，但在温书、写作业及听讲方面极差。这种落后可能与左脑有关。

第三类是数学障碍，又叫非语言障碍。这类学生在机械图形与数学上能力落后。

他们记不住几何图形，在运动和机械记忆方面有困难。学习刻板，不能将新学习的操作迁移到新环境中。这可能与右脑落后有关。平时可以通过逻辑推理能力的开发，在空间想象力和数量关系方面锻炼自己，利用自身的语言优势，进行某种补偿。

从学习障碍的定义中，我们可以知道，学习障碍就是学习成绩与智力不相配。

那么为什么会出现这种智力与成绩不相匹配的现象呢？

这主要是由于我们的学习成绩不单单受智力影响，而且受学习能力的影响。智力主要是天生的，而学习能力是随着经验和知识的积累不断提高的。一般来说，学习能力与成绩的联系更为直接一些。

要解决学习障碍问题就要从提高学习能力入手，纠正我们的各种心理和行为，以及思考方式问题，只有这样才能真正提高其学习效率，使我们的智商和成绩相统一。

要提高学习能力，最关键、最重要的就是要掌握一套行之有效的学习方法。

如何判断自己是否存在学习障碍，你可以从以下 3 个方面来判断：

第一，看视—动统合是否落后。

请根据自己近 6 个月的表现对照下面现象：

（1）走、跑、坐姿势不佳；

（2）运动技巧差、不灵活；

（3）经常打翻东西、弄脏或损坏作业本；

（4）经常跌倒，撞伤自己；

（5）身体或肩部不能放松；

（6）对方位常常弄不清楚；

（7）写字常缺一笔、多一画，部首张冠李戴；

（8）仿画时经常出现错误、线条歪斜，比例位置常不正确；

（9）执笔姿势怪异，用力太重或太轻，写字超出格子；

（10）作业时间拖得太长；

（11）不善于手工或美术；

（12）写字时常偏向一侧，有时需转动纸张的角度来绘画；

（13）时常忘记计算过程的进位或错位；

（14）将数字抄错、遗漏或前后顺序颠倒；

（15）竖式计算中，个位、十位、百位排列不正；

（16）答题空间内时常写不下或太拥挤。

如果超过 9 项，则说明自己在这方面可能有问题。

第二，看自己在语言的表达和接受方面是否有困难。

可以对照以下几个方面：

（1）说话喋喋不休，内容重复，无组织能力，对因果、次序表达欠佳；

（2）语言发声、语速和轻重度与同龄儿童有异；

（3）不爱说话，答非所问；

（4）对口头交代的事情常弄不清楚；

（5）不能专心听讲，注意力不集中；

（6）记不住一连串的声音或语言。

如果超过4项，则说明自己在这方面可能有问题。

第三，看自己的阅读能力。

（1）善于背诵，但不太理解；

（2）朗读可以，但对内容一知半解，不知所云；

（3）默读时不专心；

（4）以手指头协助阅读，指示文字方向；

（5）逐字阅读；

（6）朗读时错误、遗漏、增字、前后颠倒；

（7）朗读时太急或太慢。

如果超过4项，则说明自己在这方面可能存在问题。

学习障碍是困扰我们学习的一大困难，只有充分了解自己在这方面的情况，才能有针对性地进行训练，加以改善和提高，从而提高学习效率，让读、写、算、说都快起来。

完善个人学习计划

如今，学生的学习压力比以往任何时候都要大，很多学生每天早上一睁开眼睛，就看到张贴在床头的英文单词和突击目标；早上匆匆忙忙赶到学校后，各科老师像走马灯似的出现在学生们的眼前。

各种学习内容及沉重的学习压力充斥着大脑的每一个角落。甚至有些学生感觉自己突然记忆衰退了；有的学生说，自己刚刚想要做但还没有做的事情，突然就想不起来了；有的学生面对大量的学习任务还会出现大脑瞬间一片空白的现象。

其实，不仅学生有这种状况，所有学习或工作压力大的人，都会出现这种脑力“透支”的现象。一位刚参加工作 3 年的小伙说：“我现在对小时候的事记得很清楚，对刚刚发生的事反而记不住——上周六听完培训课，这周一就想不起来老师讲的很多内容了。”

面对这些学习和工作压力，无论学生还是上班族都有脑力不支的感觉。这时，应该制订学习和培训计划，比如订立学年计划、学期计划、月计划、周计划，具体到订立每天的学习计划。它可以让学习者随时了解学习情况，跟进学习进度，灵活运用学习方法，并且可以根据实际情况需要随时做出相应调整，从而做到合理安排时间，提高学习效率。

最后，需要强调的是，制订并完善了自己的学习计划，一定要彻底执行下去，这样才能见到学习效果。

培养充分发散思维能力

学习中，如果想让自己拥有杰出的发散思维能力，我们可以按照以下几个步骤进行练习：

1. 充分发挥自己的想象力

每个人的想象力和思维能力是紧密相连的，在思维时，我们可以用丰富的想象能力，来拓展思路，摆脱固有的束缚。

在生活中，我们可以尝试进行大量的阅读，广泛地吸收各种知识。比如，在读一部好的历史小说或科幻小说时，将自己沉浸在另一时空中等都是发挥想象力的方法。

2. 不要过分紧张

进行发散思维训练时，应该处于一个安静的环境，避免不必要的打扰，同时，应拥有一份放松的心情，不要让自己感觉到很紧张。

3. 掌握发散思维的方法

思考问题时，不要从单一的角度进行，应该调动自己的逆向思维，学会多角度、多方位、多层次看待和解决问题。

发散的角度越多，越利于我们对问题的分析和把握。

听课听细节

提高学习力的方法有很多种，而提高思考方式是最重要最高效的途径，可以从以下几个方面入手：

1. 留意开头和结尾

老师在讲课时，开头一般是概括上节课的要点，指出本节课要讲的内容，把旧知识联系起来的环节，要仔细听清。老师在每节课结束前，一般会有一个小结，这也是听课的重点所在。

2. 留意老师讲课中的提示

我们在听课时，经常能听到老师提示大家："大家注意了""这一点很重要""这两个容易混淆""这是不常见的错误""这些内容说明""最后"等字眼，这些词句往往暗示着讲课中的要点，应该给予足够的重视。

3. 带着问题听课

善于学习的人几乎都有一个好习惯，即他们善于带着问题去听课。听课不是照搬老师的讲课内容，而应积极思考，学会质疑，解决困惑。

带着问题去听课可以提高注意力效率，可以在听课的时候有所选择，大脑也不容易感到疲劳，不仅听课效率高而且更轻松。

4. 留意教师讲解的要点

听课过程中，我们应该留意老师事先在备课中准备的纲要，上课时，老师是怎样围绕这个提纲进行讲解的。我们在力求抓住它、听懂它、理解它的同时，还可以通过听讲、练习、问答、看课本、看板书等途径，边听边明确要点和纲要，弄懂知识的内在联系。

5. 留心老师分析问题的思路

各学科知识之间都有前因后果、上关下联的逻辑关系，有时可以相互推理，思路互通。这在理科中表现得比较明显，比如一个定理、一条定律、一道习题，都有具体的思维方法，我们用心留意老师分析问题的思路和方法，仔细揣摩，就能轻松获得灵活的思维能力，越学越出色。

6. 留意老师的板书归纳和反复强调的地方

不言而喻，反复强调的地方往往是重要的或难于理解的内容，板书归纳不仅重要，而且具有提纲挈领的作用。要注意在听清讲解、看清板书的基础上思考、记忆，并且做好笔记，便于以后重点复习。

7. 留心老师如何纠错

每个人都有做错题的时候，当老师在为学生纠错的时候，不管是你做错的题或者是别人做错的题，你都应该留心。如果你能对这些容易做错的题保持足够的警惕，那么以后就能有效地避免犯同样的错误，千万不要以为别人做错的题与自己无关。

8. 留意老师对知识点的概括和总结

几乎每个老师都会在上完一堂课或讲过某些知识点之后进行概括和总结，这些“总结”是课堂知识的精华，也是考试的重点，应该好好理解和掌握。

提高计算速度，数学其实没什么

要想提高数学计算速度、迅速提高学习效率，必须清晰地把握概念的内涵和外延，还要熟练掌握数学中的法则、性质、定律等。

在实践中，我们一定要有简算的意识，能用简算的就不动笔演算，久而久之，就能养成良好的计算习惯，提高我们的口算能力。

一口清速算，从此不再恐惧数学。

有这样一个真实的事例：

2006年10月5日，由深圳教育发展基金主办的深圳首届“神童杯”速算大奖赛在深圳市举行，不用笔和纸，4岁的孩子能在1分钟内速算20道题。

参加这次比赛的21名小朋友，是从1000多名小选手中经过层层选拔脱颖而出的，共分为大、中、小3个决赛组，小班组4~6岁，中班组7~9岁，大班组10~12岁，每组7名选手决赛出一、二、三等奖及最佳表现奖一个。

在比赛中，很多家长对孩子的速算表现怀疑，孩子的计算怎么可能比计算机还快，简直就是天方夜谭。

但有一位家长和一个小学生现场计算20道乘法题，这个4岁小孩只用了2分钟，而用笔算的那位家长却用了近5分钟，算完后，家长惊叹不已。

比赛结束后，小班组一个4岁孩子得了第一名，他用1分钟速算20道题；中班组一个8岁孩子拿了第一名，他用58秒做完20道题；大班组一个12岁的孩子用50秒做完20道题，轻松得了第一名。

看到这个结果你是否很意外？那你知道为什么自己算不快吗？

“数学又难又麻烦又无聊。”你是不是这么想呢？“他每次做数学题又快又对，可我很费劲也算不快，真是不知道该怎么办？”你是不是经常被这样的问题困扰呢？的确，在数学学习中，有的孩子学得快、算得快、效率高，而有的孩子虽然也很用功但就是学不快、算不快、效率低下。为了探寻这其中的原因，提高自己的计算速度，就应该对存在的问题进行仔细冷静的分析。

只有把原因找到了，才能“对症下药”，解决计算速度问题。其原因有以下几种：

1. 方法不对、没走捷径是根本原因

在阐述这个观点之前，我们再看一下这样一个故事：

被人们誉为“数学之王”的德国数学家高斯幼年时就聪明过人。

在他上小学时，有一天，数学老师出了一道计算题：

$1+2+3+4+\cdots+99+100=?$

老师出完题后，全班同学都埋头苦算，小高斯却很快地把写有答案的石板交给了老师。

老师认为这个年仅10岁的孩子一定是瞎写了一个答案，连看也没看一眼。

过了很长时间，当学生们陆续把写有答案的石板交上时，老师才把目光转向高斯的答题板，令老师大为吃惊的是，小高斯的答案“5050”完全正确。

高斯为什么会算得又快又准呢?

不要认为加法是简单运算就一味相加，其实数学就是寻找更简单、更有趣、更便捷的解题方法的一门功课，需要掌握一定的方法和捷径。

所以方法不对，没有捷径是算不快的根本原因。

2. 知识脱节、口算不快是最直接原因

数学讲究逻辑性和系统性，前面的知识是后面知识的前提和基础，后面的知识是前面知识的深化和延伸，所以学习数学不能脱节，一旦脱节，后面的知识就无法掌握。

例如，乘法是加法的延伸，如果加法学不好，势必影响乘法的学习。

整数的四则运算最基础的知识，是百以内数的基本口算，其中尤以九九乘法表和20以内进位加法与退位减法最为重要，它是一切计算的基础，因此，必须达到不假思索、脱口而出的程度。

如果到了中高年级还停留在数手指、画杠杠、列竖式阶段的计算方法上，那就必然使运算速度大减。随着计算数字越来越大，计算步骤越来越繁杂，如果基本口算不熟，那便不能适应要求了。

在平时的学习中，要严格要求自己，掌握口算要领、提高口算速度、提高口算准确率，一般的口算题要能脱口而出。

3. 常用数据未能牢记是主要原因

有些数据在运算中会被频繁使用，假如对这些数据能熟练掌握，那么在数学运算中就可以信手拈来，既准确又省时间。

4. 概念模糊、法则不熟是最基本原因

数学中的概念是指人们在认识数学的过程中，把数学的规律、解决问题的方法总结出来，形成的各种公式、定义等。数学是一种非常精密的科学，需要深刻、透彻地理解。而概念是数学中最基本的内容，也是掌握其他数学知识的前提和基础，如果对概念似懂非懂、模模糊糊，便不能清晰地分析题目，更不能快速准确地进行数学计算。

5. 写得太慢

有些学生算不快，还与写字太慢有直接关系。两个具有同样计算速度的学生做同一张数学试卷，写字快的学生只用了30分钟，而写字慢的学生用了35分钟，这说明写字快，学习更高效，写字慢，即使计算速度快，学习也不能达到高效，所以要想算得快，学习更高效，就要在提高计算速度的同时提高写字速度。

另外，数学中的法则、公式、定律、性质等是进行具体计算的依据，只有熟练地掌握这些法则、定律等，才能下笔如有神、得心应手。

概念模糊、法则不熟是算不快、算不准的最基本原因。要想提高数学计算速度、迅速提高学习效率，必须清晰地把握概念的内涵和外延，还要熟练掌握数学中的法则、性质、定律等。

在实践中，我们一定要有简算的意识，形成良好的思考方式。久而久之，就能养成良好的计算习惯，提高我们的口算能力。

摘录，积累知识的有效手段

很多优等生，几乎都有每天积累一点知识的习惯。其中，进行摘录是一种行之有效的方法。

做摘录就是在提取知识中的精华，它不仅能深化我们的思维，而且能提高我们的学习能力。

虽然有不少同学喜欢大量地阅读，可是没有多少同学具有摘录的意识，学习时不善于将知识的重点和精华部分做摘录，会影响学习力的提升。

我们阅读的教科书、报纸、杂志，或者任何一篇文章都不可能是字字珠玑、句句经典，其中有些内容有价值，另一些内容可能没有太大的价值。对于前者，我们在阅读的过程中应该摘录下来，收集一起，便于更深刻、更全面地研究、掌握。如果每一次阅读都能摘录出其中的精华，那么，日积月累，我们就拥有了一笔可贵的财富，这对我们以后的学习和写作有莫大的帮助。

学习摘录是一种科学的学习方法。它不但能丰富我们的知识，而且能深化我们的思维，提高学习能力，对我们提高成绩、提高写作都有着巨大的作用。

一位在文学方面取得巨大成就的作家自豪地告诉别人："我最初的诗句都来自于我的摘录本。那里面收集了古今中外无数诗界大家最精彩的吟唱。"摘录不仅给这位作家带来了知识和快乐，更为人生事业奠定了基础。

还有一位语文老师，面对班上一个害怕写作文的男生，想尽了一切办法帮助他。最后这位老师让这位男生一边阅读大量的书籍，一边做大量的摘录，每天对当日摘录的句子、文段仔细分析、深刻品味，并尝试模仿写作。后来，他的作文里也出现了一些颇有文采的句子，最后，他的写作水平有了大幅度提高，从此喜爱上了写作，获得了快乐。

做好摘录就那么简单，你可以从以下 5 个方面着手：

1. 有目标地进行定向积累，防止盲目摘抄

这里要说的是根据自己的实际情况、今后奋斗的目标，以及某学科的需要性等进行考虑，有目的地集中摘录有关的资料。不过，要切忌没有明确目标随意摘录，既浪费时间和精力，也影响摘录的情绪，

久而久之，学习收获也甚微。

2. 坚持下去，养成习惯

摘录不是一两天就能见效的，全靠点滴积累。苏联教育家马卡连柯曾说：“只有你不断地记，不要由于偷懒、忙碌和忘记而有一日的中断，这样的‘记事簿’，才能使你得到益处。”我们不能因为学习忙、时间紧，就三天打鱼，两天晒网，或者只从兴趣出发，高兴则记，扫兴则弃，防止记记停停。知识的积累，在于持之以恒。

3. 经常翻阅，善于运用，防止只摘不用

有句话叫：“摘而不看一阵风，摘而不用一场空。”意思是，经常翻阅、运用，才能巩固记忆，把摘录的知识不断化为己有；经常翻阅、运用，才能温故而知新，举一反三，学到更多的东西。

4. 做好分类，便于查找和补充

如果做的摘录不进行科学的分类，这些摘录就会变成杂乱无章的资料堆。这时就要根据个人的兴趣、学习的内容以及主攻的方向等来确定分类。一般来讲，可先分若干大类，每一大类下，再分若干小类。每一小类再按时间和笔画顺序排列。这样既方便翻阅和查找，又方便今后的整理和补充。

5. 制成卡片式的摘录

相比较而言，卡片式摘录比书本式方便。因为卡片式便于分类，便于翻阅，便于补充，便于整理，便于收藏。总之，一个勤于摘录的人，同样可以成为知识渊博而有所成就的优等生。我们一定要培养自己善于摘录知识重点和精华的好习惯。

最后要注意的是，我们不能只是为摘录而摘录，如果对所摘录下来的内容很少去复习，它就会成为一堆毫无用处的废物。摘录的知识要化为己有，才是摘录的目的，所以摘录之后还要花大量的时间去温习、掌握。

当你依靠自己的努力，掌握了更多学习的技巧和方法，积累了更多的知识之后，你的快乐也在成倍地增长，那么，你就有可能成为下一个优等生了。

不感兴趣的科目由简单的知识学起

每个学科都具有自身的特点、规律，只有根据自身的情况，确定学习目标针对不同学科制订不同的学习计划才能各个击破。防止偏科是因为各门功课的知识是相互联系、相互影响的，偏废了哪一门学科都必然影响学习质量和学习能力的全面提高，因此，只有针对不同情况、不同科目，实行合理安排，制订科学学习策略才会收到最好的效果。

在我们身边，经常能听到有同学抱怨，要么不喜欢英语，要么对数学不感兴趣，要么讨厌历史课。

可想而知，如果一个人不喜欢他所学习的科目，同时又不得不去面对的时候，在做这些科目作业的时候，心里一定也是不情愿的、不愉快的。但是，为了完成该学科的作业，还得逼着自己去做。因为没有激情和动力，做起来不仅效率不高，而且会觉得痛苦。

实际上，每个同学都有自己现在或曾经不喜欢的科目，有些优等生也不例外，关键在于如何调节，转变对自己不感兴趣学科的态度，重新重视起来。

如果你不喜欢某一门学科，可能是因为你对这门学科的重要性认识不足。当一个人充分认识到某一门学科对自己的重要性时，就会促使自己努力地学习。

在这方面，哈佛优等生都有一个小小的窍门，即从该学科简单的知识学起，逐渐培养起对该学科的兴趣。

你可以抽一个充裕的时间，好好地分析和思考该学科，总结出该学科的重要性，以及自己不喜欢的原因，然后再寻找突破口，培养自己的信心。

具体分析该门学科的时候，务必弄清楚自己的学习目的。即该学科的学习结果是什么，为什么要学习该学科。当该学科没有太强的吸引力时，对最终目标的了解是很重要的。

在认真了解每门学科的学习目的时，可以看书上的序言部分，听老师介绍该学科的发展趋势，或从国家、社会的发展前景的高度去看待各门学科。比如，当你学习英语这门学科时，记外语单词和语法规则，常常是枯燥无味的。但记住以后，会给听、说、读、写、译等技能的培养提供很大的帮助。如果我们对学习的个人意义及社会意义有较深刻的理解，就会认真学习各门功课，从而对各科的学习产生浓厚的兴趣。

学习之前，你还可以为自己制定一个小目标。这个学习目标不可定得太高，应从努力可达到的目标开始。比如，你可以从你认为该学科最简单的题目和容易理解的知识点开始学习，在潜心学习过程中，或许你会发现，原来这些知识点并没有自己想象的那么难，只是你不想学，过于高估了它们的难度。

通过一点一滴的进步，学习的信心就会提高。

另外，不要抱着在短期内将成绩迅速提高的急切愿望，有的同学往往努力学习一两周，结果发现成绩提高不大，就非常着急，甚至放弃努力。

只有通过持之以恒的努力，一个一个小目标的实现，自然就培养起了对该学科的兴趣和信心，从而真正喜欢上该门课程。

在学习该门学科简单知识的过程中，还可以让自己假装喜欢该学科。

有时候，我们的态度对学习很重要，可以说态度决定一切。心理学的研究也表明，当一个人对某件事物不感兴趣时，可以假装喜欢，告诉自己，其实我挺愿意去做这件事。

经过一段时间的训练之后，你也许会惊喜地发现，自己在不知不觉中改变了对该门学科的态度，变得对课程感兴趣了。正所谓，一分耕耘，一分收获，当你的成绩有所进步时，信心会因此得到增强，学习兴趣也就相应地得到提高，那么这门课的学习对你来说也不是什么不能克服的事。

啃透课本是获得高分的基础

在学习过程中很多人并没有把课本当一回事，甚至，有不少同学抛开了书本，把课外习题作为学习的重点，以为做的题越多，考试越能得高分，实际上并不是这样。

每到考试的时候，也许我们都有过这样的情况，一道看上去很面熟的题目，好像在课本上出现过，具体解答过程却记不起来了。

原因就是我们没有把课本看透、学透。

我们知道，学校教育是以课本为基础进行的，老师的职责就是把课本中的内容教给学生。不少人认为教材简单而不重视课本的学习，其实，弄懂课本中的内容才是学习的基础。

课本中的知识点、黑体字、例题、习题都是我们必须认真研究的内容，如果抛开课本盲目地去追求各种资料，那将事半功倍，得不偿失。

不管你如何热爱教科书以外的东西，也不能不把教材当一回事，因为一门教材是经过许多专家精心编排而成的，这其中包括内容的深入浅出性、插图的生动形象性、习题难易的梯度性、思想方法的代表性等等。

教材的这些编排优点是任何一本资料都难以达到的地方。而我们手中的各种资料为什么不叫“课本”呢？那是因为我们手中的大多数资料是由个别人或少数人东拼西凑而成，无法具备课本所拥有的优点，甚至有的资料对我们不仅没有正面作用，反而具有反作用，因为其中的内容不具科学性，如果选择不当，会给我们的学习带来很多不必要的损失。

因此，我们应该把学习重点放在课本上。

在平时的学习中，我们首先要做到对课本内容非常熟悉，课前认真预习，上课认真听讲，不懂的地方记下来，课后及时请教老师，并抓紧时间复习。

自习时，你可以认真回忆老师在课上所讲的内容，并思考其他同学提过什么问题，老师又是怎么回答的。

只要做到上课专心听讲、认真学习课本，课后及时复习总结，啃透课本，那么学习能力就能提高，考试的时候就不会遇到难题了。

接下来，在学好课本知识的基础上，你可以试着把学习的重心慢慢地转移到参考书上，但还是必须经常和教科书互相对照，与教科书结合起来复习，才能提高效率。参考书毕竟是参考用的，是代替不了教科书的。因此，只有吃透课本，全面把握大纲，再以课本大纲为本，以参考书为辅，才能取得学习上的成功。

交替学习，强化记忆

每个人都应该养成个人的学习风格，找到最佳的学习技巧。或许一些同学习惯了老师的督促，在学习上完全处于被动状态。

但一些优等生的学习方法并不是这样，他们认为学习是个人的事情，必须形成自己的学习习惯，建立自己的学习风格，找到最好的学习技巧，自己决定自己的事情。比如有特色的听课技巧、交替学习、积极寻求捷径，绕开学习弯路、独自调查研究特殊课题，通过多次书写加强理解，利用网络查阅网上资料，等等，都值得我们学习和借鉴。

随着年纪的增长，学习的科目越来越多，为了不顾此失彼，交替学习就是一种提高效率的有效途径，它可以帮助我们提高大脑的兴奋程度。

法国启蒙思想家卢梭也曾采用交替法读书。

他常常这样安排时间：早上攻读哲学，中午翻译地理、历史，还在学习中做一些体力劳动，这使他的学业大有长进，记忆效果特别好。

我们在学习的时候，大脑所主管的视、听、读、写以及有关记忆、分析等功能区，都处于高度兴奋状态。大脑任何部位的兴奋能力都有一定限度，超过限度就会使原来的兴奋区域减弱，抑制会越来越强，兴奋就会逐步变成抑制，使大脑疲劳，出现困倦、头痛等症状，影响学习效果。学习中学会合理用脑、善于用脑，懂得如何适当调节非常重要。复习功课时，可以几门课程交替学习，每门课程 45 分钟到 1 小时比较合适，中途休息 10 分钟，再复习另一门功课。

当你连续学习一段时间后，最好能抽出一定的时间去户外活动活动，可以呼吸新鲜空气、散步、练操等，让部分脑细胞得到休息，还可以调节神经机能，提高大脑反应。全天复习阶段，上午可以学习 4 个小时，下午安排 2 个小时学习，1～2 个小时的户外锻炼，晚饭后的学习时间，则最好不要超过 3 个小时，每天保证 8 小时睡眠。这样，学习效率可以大大提高。如果一味打疲劳战，就会适得其反。

前面说过，人的大脑左右各有分工，不同学科在大脑中使用的脑区不同，左半球侧重于逻辑与抽象思维，右半球侧重于形象思维。

这就说明，交替学习内容差别较大的不同学科，比长时间读一种书籍的效率高。因此，当我们在做数理化习题时，大脑左半球容易疲劳，这时可以调换学习内容，复习文科，记英语单词、做语文作业，使紧张工作的大脑左右半球轮流休息，有利于提高学习效率。

看书时，可以把文理科的课程交替学习，这样的做法能使大脑皮层的兴奋从一个区域转到另一个区域，大脑皮层的神经系统不仅不会疲劳，还能让两科的学习互相促进。

实际上，这就是转移兴奋点，其好处是既可以避免前后的学习内容相互干扰，也可以避免出现越学越无趣的情况。

还有一种有价值的交替学习方式，就是在同一学科内的交替学习。

它主要的作用，是帮助学生对知识融会贯通，形成横向的知识网络，并通过比较来促进理解、强化记忆。实际上，从近些年来升学考试题上看，对学生这方面的能力也逐渐增强。所以，这种同科内交替学习的方法，也越来越得到学生的重视。

其中，最典型的表现是在历史科目上，只有交替学习不同民族和国家的历史，学生才能初步形成历史同时性的印象，当他们在老师或家长的引导下，把这些同时存在的民族、国家的历史进行比较，这种印象就会得到进一步的发展。

那么，我们该怎样来实现交替学习呢？

（1）在学习计划中体现出交替学习。当制订学习计划时，在计划中标明交替学习的时段。这样，就能形成一种有形的约束，避免可能出现的学习疲劳，延长大脑的兴奋时间，减少不必要的学习压力。

（2）在计划中控制单一科目的学习时间。在计划中要对单一科目进行适当控制。这样，就等于在更短时间内完成单一科目的学习任务，能明显提高学习效率。

（3）把重点科目分成几段时间来学习。对学习中的弱项和需要下大力气的科目，可以把每天的学习任务分成几段时间，分别进行学习，这比连续学习的效果更好。

（4）注意文理科交替学习。在学习时间的安排上，要特别注意把文理科错开学习，这样可以交替使用左脑和右脑，避免疲劳。

（5）复习阶段注意同科内的前后交替。在复习阶段，可以找一些涉及不同部分知识的综合应用题，交替学习同一科目内的不同部分，通过比较分析，可以加深自己对知识的理解和应用能力。

（6）休息时要让大脑疲劳的部分彻底放松。在短暂的休息时间里，要让自己彻底放松，从学习的压力中走出来。这时，可以听听音乐、做做运动，也可以出去散散步。

学习过程中，任何单一的活动持续时间过长，都会引起人的厌倦，使人疲劳、注意力分散，从而降低学习和记忆率。因此我们在学习时，要不断地变换学习内容和学习方式，避免单科独进、方法单一。应使各科内容交替进行，耳眼口手脑并用，听说读写算并进，学习方法多样化，这才是全面发展综合素质的正确途径。

高效阅读，让阅读变得有价值

现在，高效阅读已成为时代对每个人的要求，随着高效阅读时代的到来，面对大量的知识与信息，你是否考虑过，我们怎样使快速的阅读变得更有价值呢？

我们都明白这样一个道理：时间就是金钱。那么高效阅读节约的时间，就是我们的“摇钱树”。

也许有一些人会问，我还没有达到高效阅读这一步呢？谈什么使它变得更有价值呢？

心理学家的实验表明，我们在阅读过程中，眼球并不沿着每个字连续不断地移动，而是经常出现眼球的停顿，即抓住一些字静读一下后再移向另一些字上面。

阅读是眼球运动一连串的快速跳动。眼球停视时才能感知到字句，可以说，阅读过程的90% ~95% 的时间属于眼球停视，而眼动只占全部阅读时间的5% ~10% 。每次眼球停视获得的文字信息的大小与视觉广度有关，视觉广度大的可见6 ~7 个字，小的只有3 ~4 个字，有时一个字还须经过2 ~3 次的注视，有时还需要重复回视，这样，回视次数越多，所占用的时间也越多。

高效阅读与低效阅读的区别不在于眼球运动的速度，而在于眼睛固定时所视知的材料，实验表明，人的智力与理解力在同等时间内，眼睛固定的总量相等，两者所读的词汇量却相差4 倍之多。

在这里，纵向跳跃，即无声阅读的方式，可加快眼球跳动次数，增大眼球跳动幅度，大量收集信息资料，同时还可以减少注视次数，使阅读更高效。

相比较传统的字、词、句，按行从左至右逐行阅读方式，高效阅读不是逐字阅读，而是一次凝视比较多的文字，减少注视次数，扩大视野广度，眼球停视时多抓一些文字信息，能抓住要点，用较少时间，赢得较大阅读量。

实际上，进行高效阅读的方法很多，比如逆读法、预读法、略读法、跳读法、错序读法、前后交叉读法，等等。

为了使我们的高效阅读变得更有价值，在阅读过程中，面对大量信息，我们不能只是贪图阅读的量有多大，而应保持它们的质量。

第七章

提升学习力效能的思维方法

平面思维

在一个地方打井，老打不出水来。是嫌自己打得不够深，而增加努力程度，还是考虑到也许这里根本就没有水，而换一个地方打口井？后一种方法就是平面思维的方法。

吴莹莹在一家青年报社任科学编辑，工作很出色。然而，单位人才济济，在工作中她很难取得更突出的成绩。在处理读者来信时，她发现有不少青年读者，在工作和生活遇到问题时，没有地方表达和交流。于是她建议报社开办一条专门针对青年人的心理热线。

这个想法虽然十分新颖，但是在报社里反应平平。多数人认为自己的工作主要是写作和发表新闻稿件，要花时间干这样的事，未必值得，但领导还是同意了她的想法。热线很快开通了，在社会上产生了极大的反响，热线电话几乎被打爆。

众多青少年的心声，通过一条简单的电话线汇集到了一起，也为吴莹莹提供了很多十分新颖、十分深刻的素材。

后来，报社顺应读者要求在报纸上开辟了一个新的版面，名叫《青春热线》，每周以4个整版的篇幅反映这些读者的心声。渐渐地，《青春热线》成了该报社最受欢迎的栏目，吴莹莹也获得了新闻界的许多奖项。

吴莹莹之所以能够取得这样的成功，是因为她在工作中具有自动自发的精神。具有这种精神的人，往往能创造出别人无法创造的价值。另外，在智慧的层面上，吴莹莹有十分突出的一点——换地方打井。“换地方打井”就是要学会开拓新思路。

“换地方打井”是“创新思维之父”，著名思维学家德·波诺提出的概念，用来形容他提出的平面思维法。

对于平面思维法，德·波诺的解释是：“平面”是针对“纵向”而言的。纵向思维主要依托逻辑，只是沿着一条固定的思路走下去，而平面思维偏向多思路地进行思考。

德·波诺打比方说：“在一个地方打井，老打不出水来。具有纵向思维方式的人，只会嫌自己打得不够深，而增加努力程度。而具有平面思维方式的人，考虑到很可能是选择打井的地方不对，或者根本就没有水，所以与其在这样一个地方努力，不如另外寻找一个更容易出水的地方打井。”

纵向思维总是使人们放弃其他的可能性，大大局限了创造力。而平面思维则不断探索其他的可能性，所以更有创造力。

在美国西北某地，一到冬天，电影院里就常有戴帽子的女观众。她们的帽子很影响后面观众的视线。为此，放映员多次打出“影片放映时请勿戴帽”的字幕，但始终无人理睬。

后来，放映员经人指点，打出了一则通告，通告说：“本院为了照顾衰老高龄的女观众，允许她们照常戴帽子，不必摘下。”

这则通告一出，所有戴帽子的女观众都摘下了帽子。因为她们谁都不愿意被看作衰老高龄的女人。

这则通告的成功，就源于适合女性心理特点的思维转向。如果放映员仍在“让大家摘帽子”上下功夫，恐怕问题还是难以解决。

其实，运用平面思维获得成功的例子在我们的生活中随处可见，而且，平面思维的运用并不是一件特别困难的事情，只要我们稍加留心、稍加思考就可以做到。

有一位姓马的老板，他就是因为灵活地运用了平面思维，才获得了生意的成功。

有位杨老板在国道边上开了个饭馆，生意很不景气，每天有很多车辆从门前开过，却很少有人光顾。他用打折、送汤等办法吸引顾客，都没有起什么作用，最后只好关门大吉，把饭馆盘给一位姓马的老板。

这位马老板别出心裁地在饭馆旁边修建了一个很漂亮的公共厕所，并做了一个不收费的醒目牌子。许多班车司机路过这儿总要停下车，先让旅客们方便方便，顺便再让大家去饭馆就餐。从此饭馆的生意一天比一天红火，吃饭的人也越来越多，不到两年，马老板把小饭馆扩建成三层楼的大饭店。

杨老板用传统的思维经营饭馆失败了，马老板用平面思维，打开了另一扇成功之门。

人的思维存在着惯性，在思考问题时，常常受各种因素的约束，只采用一种方法，不愿或者根本就想不到去寻找更多的解决方案，这样就容易走入误区，陷入失败的怪圈。

马老板在经营饭店时，他不先考虑“大家都怎么经营”，而先考虑“大家都不做什么”或者“大家还有什么没有做”，然后寻找大家都不做的去做。正是运用平面思考的方法他才取得了意想不到的成功。

纵向思维

许多时候，问题没有得到解决往往是因为我们习惯浅尝辄止，没有深入去研究和思考。如果能够用纵向思维来思考，遇事多问几个为什么，很多问题就能迎刃而解。

拿破仑·希尔曾经说过这样一句话：“由于我们的大脑限制了我们的手脚，因此，我们掌握不了出奇制胜的方法，往往会简单地放弃。深入一步，就能够增加思维的深度，进行有效的突破。”

因此，可以说深入一步就是人们获取成功的一柄利器，很多创造和办法都是在深入一步的思考中诞生的。

那么，怎样才能“深入一步”呢？这就需要我们不轻易对问题的进展表示满足，多一些疑问，努力揭示出问题的本质，解决问题不仅能治标，还能治本。

丰田汽车工业公司总经理大野耐一认为，他之所以能创造“丰田生产方式”，根本原因在于他从不满足，善于“在没有问题中找出问题”。

在世人看来，“不满足现状”总是不好的，但在丰田工厂里有一个口号——不满足是进步之母。丰田工厂鼓励员工对现状不满，但要求把这个不满足同改革结合起来，而不是和牢骚结合起来。大野本人就是个善于从不满中发现问题并加以改进的人。大野曾总结他发现问题的秘诀，在于凡事要“问 5 次为什么”。

有一次，生产线上有台机器老是停转，修了多次都无效。大野就问：“为什么机器停了？”

工人答：“因为超负荷，保险丝烧断了。”

大野又问：“为什么超负荷呢？”

工人答：“因为轴承的润滑不够。”

大野再问：“为什么润滑不够？”

工人答：“因为润滑泵吸不上油来。”

大野再问：“为什么吸不上油来呢？”

工人答：“因为油泵轴磨损，松动了。”

大野还不放过，又问：“为什么磨损了呢？”

工人答：“因为没有安装过滤器，混进了铁屑。”

于是，大野下令给油泵安上过滤器，终于使生产线恢复了正常。倘若不是这样打破砂锅问到底，只满足于换一根保险丝，或者换一个油泵轴，过一阵仍会出现同样的故障。

大野说：“丰田生产方式就是积累并运用这种反复问 5 次‘为什么’的科学探索方法才创造出来的。”

所以，当你就一个问题探寻其原因时，一定要追根溯源，深入探查问题的核心，而不要满足于停留在问题的表面。

多问几个“为什么”的纵向思维方法在科研方面也起着主要的作用。我们这里举一个典型的例子：

爱迪生是人类历史上最伟大的发明家，他一生发明的东西有 1600 多种，有人不无夸张地说：“如果没有爱迪生的发明，人类文明史至少要往后推迟 200 年。”

那么，爱迪生的发明天赋从何而来呢？对他一生进行长期研究的专家指出，爱迪生的发明很多来自提问。平时爱迪生会对常人熟视无睹的问题提出无数个“为什么”。虽然他没有将自己所问的问题都求出答案来，然而他已得出来的答案多得惊人。

有一天，他在路上碰见一个朋友，看见朋友手指关节肿了，便问：

“为什么关节会肿呢?”

“我不知道确切的原因是什么。”

“为什么你不知道呢？医生知道吗?”

“唉！去了很多家医院，每个医生说的都不同，不过多半的医生认为是痛风症。”

“什么是痛风症呢?”

“他们告诉我说是尿酸淤积在骨节里。”

“既然如此，医生为什么不从你的骨节中取出尿酸来呢?”

“医生不知道如何取法。”病者回答。

“为什么他们不知道如何取法呢?”爱迪生生气地问道。

“医生说，因为尿酸是不能溶解的。”

“我不相信。”爱迪生说。

爱迪生回到实验室，立刻开始做尿酸是否能溶解的试验。他排好一列试管，每只管内都灌入四分之一不同的化学溶液。每种溶液中都放入数颗尿酸结晶。

两天之后，他看见有两种液体中的尿酸结晶已经溶解了。于是，这位发明家有了新的发现，一种医治痛风症的新方法问世了。

爱迪生这种凡事都爱问个“为什么”的思维方式，为他以后的各种发明创造开辟了一片广阔的天地。

纵向思维就是要问“为什么”，实际上“为什么”这3个字表达了一种深入开掘的欲望。平时，对那些寻常的事物，我们自认为很熟悉，想不起要问个“为什么”。殊不知，事物的真实本质和改变创新的机遇，往往就隐藏于对寻常事物再问一个“为什么”的后面。

因此，我们主张进行积极的思维活动，不管遇到什么问题，都要多问几个为什么。当你恰到好处地利用纵向思维这把开启脑力的钥匙后，整个世界也就为你敞开了大门。

迂回思维

在遇到问题时，我们常常会采取直线方法来解决，因为我们认为两点之间直线最短。但是，许多问题的求解靠直线方法是难以如愿的，这时，尝试用迂回的思维去观察和思考，或许能使问题迎刃而解。

国际体育比赛中曾发生过这样一件事，在一次保加利亚队和捷克斯洛伐克队的篮球比赛中，离比赛结束只剩下8秒钟的时候，保加利亚队仅领先一个球。

按照规定，保加利亚队在这一场球赛中，必须至少赢3个球才能不被淘汰。这时，保加利亚队的一个队员突然向本方的篮内投入一个球。双方的队员和场外的观众一下子都愣了，不知这是怎么回事。过了好一会儿，大家才反应过来，并报以热烈的掌声。

这位保加利亚队队员为什么要向本方的球篮投进一个球?

他的思考过程大致说来是这样：保加利亚队要想不被淘汰，必须再赢两个球，要有可能再赢两个球，就得延长比赛时间，要延长比赛时间，就要在终场时把比分拉平，要在终场时把比分拉平，那就只有现在向本方篮内投进一个球。

果然，保加利亚队这个队员刚一投进这个球，裁判就宣布进行加时比赛。在随后的比赛中，保加利亚队士气高涨，轻松拿下3个球，赢得了比赛的胜利。

这位保加利亚队队员运用的思维方式就是迂回思维法，是一种以退为进的迂回策略。

迂回思维法指的是在解决某个问题的思考活动遇到了难以消除的障碍时，可谋求避开或越过障碍而解决问题的思维方法，这是创造者常常用到的一种方法，对于发明创新和解决问题有很强的启发作用。

迂回思维，常常是创新者用来解决难题的一种思考手段。

全自动洗碗机是一种先进的厨房家用电器，是发明家适应生活现代化的创新杰作。然而，当美国通用电器公司率先将全自动洗碗机推向市面后，却出人意料地遭到冷遇。

无论使用任何手段的广告宣传，人们对洗碗机还是敬而远之。从商业渠道传来的信息也极为不妙，眼看新研发的洗碗机就要夭折在它的投放期内。

经过市场调查发现，原来是消费者的传统观念在起作用。人们普遍认为，连十来岁的孩子都能洗碗，自动洗碗机在家中几乎没有什么用处，即使用它也未必比手工洗得好。

机器洗碗要提前做许多准备工作，使用麻烦，还不如手工洗来得快。而且，自动洗碗机这种华而不实的“玩意儿”将损害“能干的家庭主妇”的形象。一部分人则不相信自动洗碗机真的能把所有的碗洗干净，认为机器太复杂，维护修理肯定困难。还有一些人虽然欣赏洗碗机，但难以接受它的价格。

顾客是“上帝”，他们不购买你的新产品，你总不能强迫他们购买吧。在无可奈何的情况下，公司只好请教市场营销设计专家，看他们有何金点子。智囊们经过一番分析推敲，终于想出一个新办法：建议将销售对象转向住宅建筑商。

起初，人们普遍对该建议持怀疑态度，建筑商并不是洗碗机的最终消费者，他们乐意购买吗？在通用电器公司公关人员的说服下，建筑商同意做一次市场试验。他们在同一地区，对居住环境、建造标准相同的一些住宅，一部分安装自动洗碗机，一部分不装。

结果，安装了洗碗机的房子很快被卖出或租出去了，其出售速度比不装洗碗机的房子平均要快两个月。这一结果令住宅建筑商备受鼓舞。当所有的新建住房都希望安装自动洗碗机时，通用电器公司生产的自动洗碗机的销售便十分畅通了。

从这个故事中，我们可以发现两条思路：其一，将洗碗机直接向家庭顾客推销，效果不佳；其二，将洗碗机安装在住宅里，借助房产销售卖给家庭用户，结果如愿以偿。前者是直线思维，后者是迂回思维。

运用迂回思维思考的基本特点就是避直就曲，通过拐个弯的方法，规避摆在正前方的障碍，走一条看似复杂的曲线，却可以尽快到达目的地。这是迂回思维的智慧，也是迂回思维的魅力所在。

求异思维

很多时候，只从一个角度去思考问题，很可能进入死胡同，因为事实也许存在完全相反的结果。这时，不妨运用逆向思维，做一条逆向游泳的鱼，在反向中求得胜利的果实。

当你面对一个史无前例的问题，沿着某一固定方向思考而不得其解时，灵活地调整一下思维的方向，从不同角度展开思考，甚至把事情反过来想一下，也许就能反中求胜。

宋神宗熙宁年间，越州（今浙江绍兴）闹蝗灾。成片的蝗虫像乌云一样，遮天蔽日。所到之处，禾苗全无，树木无叶，一片肃杀的景象。当然，这年的庄稼颗粒无收。

当时，新到任的越州知州赵汴，就面临着整治蝗灾的艰巨任务。越州不乏大户之家，他们有积年存粮。老百姓在青黄不接时，大都过着半饥半饱的日子，一旦遭灾，便缺大半年的口粮。灾荒之年，粮食比金银还贵重，哪家不想存粮活命？一时间，越州米价飞涨。

面对此种情景，僚属们都沉不住气了，纷纷来找赵汴，求他拿出办法。借此机会，赵汴召集僚属们来商议救灾对策。

大家议论纷纷，但有一条是肯定的，就是依照惯例，由官府出告示，压制米价，以救百姓之命。僚属们七嘴八舌，说附近某州某县已经出告示压米价了，倘若还不行动，米价天天上涨，老百姓将不堪其苦，甚至会起事造反的。

赵汴听了大家的讨论后，沉吟良久，才不紧不慢地说：“这次救灾，我想反其道而行之，不出告示压米价，而出告示宣布米价可自由上涨。”“啊?”众僚属一听，都目瞪口呆，先是怀疑知州大人在开玩笑，而后看知州大人认真的样子，又怀疑这位大人是否吃错了药，在胡言乱语。赵汴见大家不理解，笑了笑，胸有成竹地说：“就这么办。起草文书吧!”

官令如山倒，大人说怎么办就怎么办。不过，大家心里都直犯嘀咕：这次救灾肯定会失败，越州将饿殍遍野，越州百姓要遭殃了！这时，附近州县都纷纷贴出告示，严禁私涨米价。若有违犯者，一经查出，严惩不贷。揭发检举私涨米价者，官府予以奖励。越州则贴出不限米价的告示，于是，四面八方的米商纷纷闻讯而至。

头几天，米价确实涨不少，但买米者看到米上市得太多，都观望不买。然而过了几天，米价开始下跌，并且一天比一天跌得快。米商们想不卖再运回去，但一则运费太贵，增加成本；二则别处又限米价，于是只好忍痛降价出售。

这样一来，越州的米价虽然比别的州县略高点，但百姓有钱可买到米；而别的州县米价虽然压下来了，但百姓排半天队，也很难买到米。所以，这次大灾，越州饿死的人最少，受到了朝廷的嘉奖。

僚属们这时才佩服赵汴的计谋，纷纷来请教其中原因。赵汴说：“市场之常性，物多则贱，物少则贵。我们这样一反常态，告示米商们可随意加价，米商们都蜂拥而来。吃米的还是那么多人，米价怎能涨上去呢?”原来奥妙在于此。

很多时候，只从一个角度去想问题，很可能进入死胡同，因为事实也许存在完全相反的可能。有时，问题实在很棘手，从正面无法解决，这时，假如探寻逆向可能，反倒会有出人意料的结果。

有一个故事，主人公也是运用了逆向思维的手法而取得了不错的收益。

巴黎的一条大街上，同时住着3个不错的裁缝。可是，因为离得太近，所以生意上的竞争非常激烈。为了能够压倒对方，吸引更多的顾客，裁缝们纷纷在门口的招牌上做文章。

一天，一个裁缝在门前的招牌上写上了“巴黎城里最好的裁缝”，结果吸引了许多顾客光临。看到这种情况以后，另一个裁缝也不甘示弱。第二天，他在门口挂出了“全法国最好的裁缝”的招牌，结果同样招揽了不少顾客。

第三个裁缝非常苦恼，前两个裁缝挂出的招牌吸引了大部分的顾客，如果不能想出一个更好的办法，很可能就要成为“生意最差的裁缝”了。

但是，什么词可以超过“全巴黎”和“全法国”呢？如果挂出“全世界最好的裁缝”的招牌，无疑会让别人觉得虚假，也会遭到同行的讥讽。到底应该怎么办？正当他愁眉不展的时候，儿子放学回来了。当他知道父亲发愁的原因以后，笑着说：“这还不简单！”于是，挥笔在招牌上写了几个字，挂了出去。

第三天，另两个裁缝站在街道上等着看他们的另一个同行的笑话，事情却超出了他们的意料。因为，他们发现，很多顾客都被第三个裁缝“抢”走了。这是什么原因？原来，妙就妙在他的那块招牌上，只见上面写着“本街道最好的裁缝”几个大字。

在竞争日趋激烈的今天，人们更需要借助于不同常规的思维方式来取胜。在上面的故事中，面对其他人提出的全城和全国的“大”，裁缝的儿子却利用街道的“小”来做文章，并最终取得胜利。因为在全城或者全国，他不一定是最好的，但在街道这个特定区域里，他就是最好的，这才是具有绝对竞争力的。

思维逆转本身就是一种灵感的源泉。遇到问题，我们不妨多想一下，能否朝反方向考虑一下解决问题的办法。反其道而行是人生的一种大智慧，当别人都在努力向前时，你不妨倒回去，做一条反向游泳的鱼，去寻找属于你的路径。

类比思维

当我们遇到难题或者进程难以推进时，曾经历过的相似情境也许可以带给你启发与灵感，让你在相似性中找到解决问题的最佳方案。而类比思维就在其中发挥着重要作用。

类比思维法就是根据两个对象在一系列属性上相同或相似，由其中一个对象具有某种其他属性，推测另一个对象也具有这种其他属性的思维方法。由这种方法所得出的结论，虽然不一定很可靠、精确，但富有创造性，往往能将人们带入完全陌生的领域，给人许多启发。

类比思维法是解决陌生问题的一种常用策略，它教我们运用已有的知识、经验将陌生的、不熟悉的问题与已经解决的熟悉问题或其他相似事物进行类比，从而解决问题。

类比思维法在创新和解决问题时，具有很大的指引作用，得到了思想家、科学家们的高度评价。

天文学家开普勒说："类比是我最可靠的老师。"

哲学家康德说："每当理智缺乏可靠论证的思路时，类比这个方法往往能指引我们前进。"

现代社会，随着日常创造的增加，类比的作用尤其得到重视。有学者认为："创造联想的心理机制首先是类比……即使人们已经了解到了创造的心理过程，也不可从外面进入类似的心理状态……因此，为了给创造活动创造一个良好的心理状态，得采用一个特殊的方法，就是使用类比。"

瑞士著名的科学家阿·皮卡尔就运用类比发明法创造了世界上第一艘自由行动的深潜器。

皮卡尔是研究大气平流层方面的专家，他设计的平流层气球，曾飞到过15690米的高空。后来他又把兴趣转到了海洋，研究海洋深潜器。尽管海和天完全不同，但水和空气都是流体，因此，皮卡尔在研究海洋深潜器时，首先就想到利用平流层气球的原理来改进深潜器。

在这以前的深潜器，既不能自行浮出水面，又不能在海底自由行动，而且要靠钢缆吊入水中。这样，潜水深度将受钢缆强度的限制，钢缆越长，自身重量就越大，也就容易断裂，所以过去的深潜器一直无法突破2000米大关。

皮卡尔由平流层气球联想到海洋深潜器。平流层气球由两部分组成：充满比空气轻的气体的气球和吊在气球下面的载人舱。利用气球的浮力，使载人舱升上高空，如果在深潜器上加一只浮筒，不也就像一只“气球”一样可以在海水中自行上浮了吗？

皮卡尔和他的儿子小皮卡尔设计了一艘由钢制潜水球和外形像船一样的浮筒组成的深潜器，在浮筒中充满比海水轻的汽油，为深潜器增加浮力，同时，在潜水球中放入铁砂作为压舱物，使深潜器沉入海底。

如果深潜器要浮上来，只要将压舱的铁砂抛入海中，就可借助浮筒的浮力升至海上。再配上动力，深潜器就可以在任何深度的海洋中自由行动。这样就不需要拖上一根钢缆了。第一次试验，深潜器就下潜到1380米深的海底，后来又下潜到4042米深的海底。

皮卡尔父子设计的另一艘深潜器“理雅斯特”号下潜到世界上最深的洋底——10916.8米，成为世界上潜得最深的深潜器，皮卡尔父子也因此获得了“上天入海的科学家”的美名。

类比思维法就是寻找事物的相似点，并且对“相似性”保持敏感，以达到触类旁通的目的。

医生常用的听诊器的发明也是源于类比思维的运用。

一个星期天，法国著名医生雷内克带着女儿到公园玩。女儿要求爸爸跟她玩跷跷板，他答应了。玩了一会儿，医生觉得有点累，就将半边脸贴在跷跷板的一端，假装睡着了。

女儿见父亲的样子，觉得十分开心。突然，医生听到一声清脆的响声。睁眼一看，原来是女儿用小木棒在敲跷跷板的另一端。这一现象，立即使他联想到自己在医疗中遇到的一个问题：当时医生听诊，采用的方式是将耳朵直接贴在患者有病的部位，既不方便也不科学。

他想：既然敲跷跷板的一端，另一端就能清晰地听到，那么，是不是也可以通过某样东西，使医生能够清楚地听见病人身体某个部位的声响?

雷内克用硬纸卷了一个长喇叭筒，大的一头靠在病人胸口，小的一端塞在自己耳朵里，结果听到的心音十分清楚。世界上的第一个听诊器就这样产生了。

后来，他又用木料代替了硬纸做成了单耳式的木制听诊器，后人又在此基础上研制了现代广泛应用的双耳听诊器。

第八章

迈向成功需要优质思考力

用新思维挑战“不可能”

一切皆有可能。不敢向高难度的事情挑战，是对自己潜能的画地为牢，只能使自己无限的潜能化为有限的成就。如果你想取得事业上的辉煌成就，就要丢掉心中的限制，积极利用新思维，寻找新方法，用行动改写诸多的“不可能”。

在自然界中，有一种十分有趣的动物，名叫大黄蜂。曾经有许多动物学家、物理学家、社会学家联合起来对其进行过研究。

根据动物学的观点，所有会飞的动物，其条件必须是体态轻盈、翅膀宽大，大黄蜂却跟这个观点反其道而行。大黄蜂的身躯十分笨重，翅膀出奇的短小。依照动物学的理论来讲，大黄蜂是绝对飞不起来的。

物理学家的论调则是，大黄蜂的身体与翅膀的这种比例，从流体力学的观点来看，同样是绝对没有飞行的可能。

可是，在大自然中，只要是正常的大黄蜂，没有一只是不能飞的，而且它的飞行速度并不比其他能飞的动物差。这种事实存在，仿佛是大自然和科学家们开了一个大玩笑。

最后，社会学家揭开了这个谜。谜底很简单，那就是——大黄蜂根本不懂“动物学”与“流体力学”。每只大黄蜂在它长大之后，就很清楚地知道，它一定要飞起来去觅食，否则就会被活活饿死！这正是大黄蜂能够飞的奥秘。

我们不妨从另外一个角度来设想，如果大黄蜂能够接受教育，明白了生物学的基本概念，了解流体力学，那么，它还能够飞得起来吗?

在你的工作和生活中，很多人在无意之间向你灌输了许多“不可能”的思想，这些思想会给你的心灵“设限”，制约你的潜能发挥，但是，如是你把这种种的“不可能”从心头抛开，你就能够到达你平时难以企及的高峰。

1992年年底，有78年历史的IBM一下子陷入了亏损额50亿美元的泥坑里，举步维艰。

昔日威风八面的蓝色巨人变成没人理睬的乞丐。GE的杰克·韦尔奇与SUN的麦克尼里等专家、高手都拒绝高薪，不愿意去挽救IBM。

后来，IBM费尽力气，终于说服了路易·郭士纳前去执掌IBM的帅印。于是，被媒体描述成“一只脚已经踏进了坟墓”的IBM，迎来了这位对IT行业完全陌生的新CEO，后来被世人津津乐道的传奇人物郭士纳先生。

不过，当大家知道郭士纳先生要接掌IBM时，很多人向他投去了怀疑的目光或冷嘲热讽的态度。他们认为，一个靠经营食品业起家的人，一个对计算机完全外行的人，又如何能担当得起这一重任呢?

但是，随着时光的推进，郭士纳先生给大家的结果是“惊喜”。因为，今天我们已经看到，一个当初亏损81亿美元的IBM公司，如今已经变为销售额高达860亿美元，赢利77亿美元的行业楷模。公司的股票价值增值了800%，市值增长了1800亿美元。

这些惊人的数字，就是当初那位计算机行业的“门外汉”路易·郭士纳先生带领IBM员工们创造出来的。这是一个给那些怀疑“门外汉”做不了专业活的人的最好反击。

郭士纳先生的成功带给我们这样一个启示：世上无难事，只怕有心人。面对困难，只要你勇于尝试，利用新思维，积极寻求解决方案，那么“不可能”也能够变为“可能”。

张小姐从旅游学院毕业不久，就到一家著名饭店当接待员。参加工作不久，她就遇到了一个棘手的问题。

那天，一位来自美国的客人焦急地向值班经理反映：来中国前，他就预订了法国—日本—中国香港—北京—西安—深圳—新加坡的联票。但是，由于疏忽，一张去西安的机票没有及时确认，预订的航班被香港航空公司取消了。为此他很着急，他到西安是去签订合同的，如不能及时赶到，将造成很大的损失。

酒店的老总当即安排张小姐和另外一位老接待员解决这一问题。

她们一起到民航售票处，向民航的售票员说明了有关情况，希望她能够帮忙解决这一问题。

但售票员的回答是："机票是香港航空公司取消的航班，和我们没有关系。"

还有其他办法吗？重新买票已经来不及了，因为票已经全部售完了。

于是她们再一次向售票员重申："这是一个很重要的外国客人，如不能及时赶到会造成很大的损失。"但售票员的回答仍然是："对不起，我也无能为力。"

张小姐问："难道没有别的办法吗？"

售票员说："如果是重要客人，你们可以去贵宾室试试。"

她们立即赶到贵宾室。但在门口就被工作人员拦住了，要求她们出示贵宾证。这一下她们又傻眼了。此时此刻，到哪里去办贵宾证啊？

张小姐不甘心，又向工作人员重申了一遍情况，但工作人员还是不同意让她们进去。她突然动了一个念头，于是问了一句："假如买机动票，应该找谁？"

回答是："只有找总经理。不过我劝你们还是别去找了，现在票紧张得很呢！"

碰了这么多次壁，同去的接待员已经灰心丧气了，她想：要找总经理，恐怕更没有希望。于是，她拉着张小姐的手说："算了吧，肯定没希望了，还是回去吧，反正我们已经尽力了。"

那一瞬间，张小姐也有点动摇了，但很快她又否定了自己的想法，还是毫不犹豫地向总经理办公室走去。

见到总经理后，她将事情的来龙去脉又讲述了一遍。总经理听完之后，看着她满是汗水的脸，微微一笑，问："你从事这项工作多长时间？"

得知她刚刚参加工作，总经理被她认真负责的态度感动了，说："我们只有一张机动票了，本来是准备留下来给其他重要客人的。但是，你的敬业精神和对客人负责的态度让我非常感动，票就给你了。"

当她把机票送到焦急的客人手上时，客人简直是喜出望外，酒店的总经理知道这件事后，当着所有员工的面表扬了她。不久，她被破格提拔为主管。

一次，她对一个朋友讲述了这个故事。朋友问她：“你为何能做到这点?”

她回答说：“其实，当我的同事说一点希望也没有的时候，我也很想放弃，我已经被拒绝多次了，我也怕见到总经理后，仍然会遭到拒绝。但是，我不想放弃最后的一点希望。”

这件事让我明白了一个道理：无论遇到什么样的困难，只要你肯努力，不轻易放弃，换一种新的思维积极思考，总会找到解决办法的。

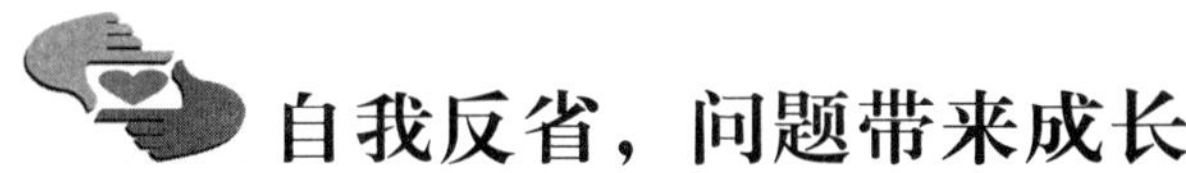

自我反省，问题带来成长

如果你没有勇气离开陆地，那么你永远都无法发现新的海洋；如果你没有胆量接受生活的洗礼，那么你永远也无法在问题中获得成长。逃避问题和障碍，它就会一直困扰你，如果你迎难而上，克服了这些障碍，它就会成为你成长路上的一块垫脚石。

有人问某位登山专家：“如果我们在半山腰，突然遇到大雨，应该怎么办?”

登山专家说：“你应该向山顶走。”

“为什么不往山下跑？山顶风雨不是更大吗?”

“往山顶走，固然风雨可能更大，却不足以威胁你的生命。向山下跑，看来风雨小些，似乎比较安全，却可能遇到暴发的山洪而被活活淹死。”

登山专家严肃地说，“对于风雨，逃避它，你只能被卷入洪流；迎向它，你却能获得生存!”

问题为成长提供了机会。主动反省，你才能够在问题中不断地完善自我。勇敢地接受问题的磨砺，不断地反省和改进自己的工作，相信每一个问题都能够变成你成长的垫脚石。

反省是一个人不断完善自我的最佳途径，一个人只有不断反省自我的不足，才能够在问题中不断进步。

林佳是一名在英国学习人力资源的留学生，有一次她从朋友那里得知英国一家生产世界知名品牌的公司要为它在中国的分公司招聘中层管理人员，于是决定去应聘。该公司对人才的要求很高，内容包括相关的专业知识和美感、创造力、领导才能，等等。

林佳在首次面试中表现得十分自信，也很出色，加上自己是中国人，学成之后回国发展，比其他竞争者更有优势，她认为得到这个职位是十拿九稳。但没想到的是，面试后，主考官并没有立即录用她，对此她十分不解。

林佳有一个很好的习惯，那就是她十分善于自省。初次面试回去之后，她开始认真思索为何没有一举成功，会不会是自己哪方面与应聘公司的企业文化有所冲突。

她突然想到一个情景：进门的时候，主考官的目光在她齐腰的长辫子上停留了一会儿。她意识到，问题可能就出在这一头她留了10多年的长发上。

因为她应聘的公司，是一家世界著名、以经营服饰和珠宝为主的企业，办事干练是公司员工的总体风格。招聘的主考官，就是一头齐耳的短发，显得特别精明能干。

她想：是不是因为这条长辫子，让主考官担心自己无法融入企业的整体文化呢？

在一些外国人的印象中，辫子恐怕仍然是保守的象征。于是，林佳咬牙做了一个非同寻常的举动：剪去了留了多年、一直视为珍宝的及腰长发，并选择了一款与主考官风格相近的套装去复试。

她的分析一点都没有错，当她再次出现在主考官面前时，主考官首先看到的就是她那一头短发，然后眼中闪过一丝赞许，会心一笑，说："看来你已经准备好了。"

复试十分顺利，很快，林佳就进入了自己梦寐以求的公司。

长辫子是林佳个人的所爱，但是当她认识到自己珍爱的东西，也许是与企业整体风格有冲突的东西时，便毅然决然地将其放弃，最终，赢得了企业的认可。

主考官看到的不只是她剪掉的及腰长辫，更是这种在取舍之间展现的内在职业素养。

主动反省问题，就能变成我们成长的机遇。如果你不懂得在问题中主动反省，那么你永远也无法获得进步，也很难在事业上有所成就。

每一个人都应该永远记住这个真理，只有不断挑战自我、超越自我的人，才能成为一个前途远大的人。你想赢得事业上的成功和人生的辉煌，就应当在工作和生活中养成善于自省的好习惯，把工作中的问题变成自己成长的机遇。

理想的反省时间是在一段重要时期结束之后，如周末、月末、年末。在周末用几个小时去思索一下过去一周中出现的事件。月末用一天的时间去思索过去一个月中出现的事情，年终用一周的时间去审视、思索、反省一年生活中遇到的每一件事。

自我反省的时间越勤越有利。

假如你一年反省一次，你一年才知道优缺点，才知道自己做对了什么，做错了什么。假如你一个月反省一次，你一年就有了 12 次反省机会。假如你一周反省一次，你一年就有 52 次反省机会。假如你一天反省一次，你一年就有 365 次反省机会。反省的次数越多，犯错的机会就越少。

一个从不犯错误的人是懦夫，一个总是犯错误的人是傻子。一个人要想拥有成功的人生就要学会在失败和错误中学习成长。在这里有几条从错误中学习的方法可以供你参考：

（1）诚恳而客观地审视周遭的情势。不要归咎于别人，而应反求诸己。

（2）分析失败的过程和原因。重拟计划，采取必要措施，以求改正。

（3）在重新尝试之前，想象自己圆满地处理工作或妥善处理问题时的情景。

（4）把足以打击自信心的失败记忆一一埋藏起来让它们变成你未来成功的肥料。

（5）重新出发。

（6）一个希望从错误中学习并期待成功的人，必须反复实践以上步骤，才能如愿以偿。重要的是每尝试一次，你就能够增加一次收获，并向目标更近一步。

转换思维，提高情商

著名 Google 公司中国区总裁李开复曾说："情商意味着：有足够的勇气面对可以克服的挑战、有足够的度量接受不可克服的挑战、有足够的智慧来分辨两者的不同。"自 20 世纪 90 年代以来，一个新的名词"情商"，被人们普遍使用，有研究者甚至认为，一个人的成功，情商因素远远大于智商因素。

那么什么是情商呢？情商是怎么被人们发现的，这个概念又是谁提出来的？我们能不能把握自己的情商呢？

科学研究的结果表明，人的情商不是一成不变的，是可以通过对大脑的开发及科学的训练得到不断提高的。大量的实践证明思维导图可以引导大家迅速提高情商。

情商就是情绪商数，情绪智力，情绪智能，情绪智慧。也就是我们经常说的理智、明智、理性、明理，主要是指你的信心，你的恒心，你的毅力，你的忍耐，你的直觉，你的抗挫力，你的合作精神等一系列与人素质有关的反应程度。它是一个人感受理解、控制、运用表达自己以及他人情绪的一种情感的能力。

1995年，美国哈佛大学心理学教授丹尼尔·戈尔曼提出了情商（EQ）的概念，认为情商是一个人重要的生存能力，是一种发掘情感潜能、运用情感能力影响生活各个层面和人生未来的关键品质因素。戈尔曼认为，在成功的要素中，智力因素固然重要，但情感因素更为重要。

丹尼尔·戈尔曼在其所著的《情感智商》一书中说："情商高者，能清醒了解并把握自己的情感，敏锐感受并有效反馈他人情绪变化的人，在生活各个层面都占尽优势。情商决定我们怎样才能充分而完善地发挥我们所拥有的各种能力，包括我们的天赋能力。"丹尼尔·戈尔曼所偏重的是日常生活中所强调的自知、自控、热情、坚持、社交技巧等心理品质。

为此，他将情商概括为以下5个方面的能力：

（1）认识自身情绪的能力；

（2）妥善管理情绪的能力；

（3）自我激励的能力；

（4）认知他人情绪的能力；

（5）人际关系的管理能力。

哈佛心理学家麦克利兰对一家全球餐饮公司进行研究，发现高情商的人中，87%业绩突出，奖金额领先，其所领导的部门销售额超出指标15%～20%。而情商低的人，年终考评成绩很少取得优秀，其所领导的部门业绩低于指标20%。所以，著名的二八法则告诉我们：成功的20%靠智商；80%靠情商。

在这里，有3种提升情商的途径：

1. 学会控制情绪是提升情商的前提

很多人在情绪发作过后，错已铸成的时候，才后悔当初没有控制好自己的情绪，其实这并不是他没有控制情绪的能力，而是他没有在日常生活中养成控制自己情绪的习惯，没有认识到，失去控制的情绪是可以随时将人带入地狱的。

情商较高的人往往能有效地察觉自己的情绪状态，理解情绪所传达的意义，找出某种情绪和心境产生的原因，并对自我情绪做出必要和恰当的调节，始终保持良好的情绪状态。

情商较低的人则因不能及时地认识到自我情绪产生的原因，而无法有效地控制和调节情绪，导致消极情绪如雾一样弥漫心境，久久难以消退。

所以，要想完善自己的行为，必须从头脑开始打造自己。而要打造高情商，就要通过反复的实践去领悟，让思想逐渐感化自我。

我们要通过加强修养逐渐学会控制自己的情绪，如果你能够成为驾驭自己情绪的主人，未来的人生肯定会更加美好。

2. 培养自信心是提升情商的基础

自信，是一个人做任何事情的基础、获取成功的基石。拥有自信的心态，一个人就能成为他希望成为的那样。

强者不一定是胜利者，但胜利者都属于有信心的人。一个不能说服自己能够做好所赋予任务的人，是不会有自信心的。

一个具有自信心的人，通常会认为自己有智慧、有能力，至少不比别人差；有独立感、安全感、价值感、成就感和较高的自我接受度。同时，有良好的判断力、坚持己见，具有良好的合作精神和适应性。

一个自信的人，不会在任何困难面前轻易低头。你觉得自己将一无是处，你就不会再向更高的目标努力。因为良好的自我形象表现出来就是自信心。

3. 用幽默感提升情商层次

在幽默大师查理·卓别林眼里，幽默是智慧的最高体现，具有幽默感的人最富有个人魅力，他不仅能与别人愉快相处，更重要的是拥有一个快乐的人生。

幽默能使生活变得轻松，使你生活在愉快的氛围里。生活虽然充满了喜怒哀乐，但是谁都盼望自己的生活中多一些欢乐，少一些忧愁和烦恼。幽默的语言可以对人们的生活做出恰当的喜剧性反应，它通常会带给人们极大的趣味性和娱乐性，有时它还可以消除生活中的一些窘境，减少那些不愉快的情绪，给生活带来轻松和乐趣。

幽默在人们生活中的重要性，如同生物对于阳光、水和空气的需要。对疲乏的人们，幽默就是休息；对烦恼的人们，幽默就是解药；对悲伤的人们，幽默就是安慰；对所有的人，幽默就是力量！

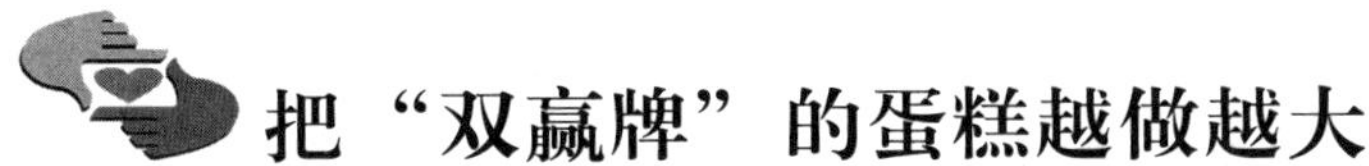

把“双赢牌”的蛋糕越做越大

21 世纪是一个全球一体化的共赢时代，合作已成为人类生存的重要手段。随着科学知识向纵深方向发展，社会分工越来越精细，人不可能再成为百科全书式的人物。每个人都要借助他人的智慧完成自己人生的超越，所以这个世界既充满了竞争与挑战，又充满了合作与快乐。

合作共赢不仅使科学王国不再壁垒森严，同时改写了世界的经济疆界。我们正在经历一场转变，这场转变将重组政治和经济，将没有仅属于一国的产品或技术，没有仅属于一国的公司，也没有仅属于一国的工业。至少将来不再有我们通常所知的仅属于一国的经济。留存在国家界限之内的一切，是组成国家的公民。

所以，在这样一个大背景之下，共赢心态成为人们走向成功所必备的一种心态。

在这个纷繁复杂的社会中，每个人都需要别人的帮助。适应他人固然需要心胸宽广和虚心学习，但如果仅仅是单方面地适应，可能仍然得不到他人的支持与帮助。因此，不仅要具备施与心，还要具备帮助他人适应你的能力和习惯。

与对手竞争夺取成功是我们的奋斗目标。但合作共赢也是成功的一大趋势。人在通往成功的路上更多的是战胜自己，而不是战胜他人；更多的是与他人相互合作，而不是相互争斗。

我们所说的竞争是合作前提下的竞争，是竞争与合作的对立统一。试想，纵然你获取了万贯财产，可是由于品行问题而众叛亲离，成了孤家寡人，哪里有一点幸福感可言。成功与幸福始终是相伴而行的。缺乏情感的冷冰式的成功是暂时的，伴随着这样的成功而来的，更多的是痛苦，而不是喜悦。

人生在世，离开合作，谁也无法生存。因此，我们一方面提倡竞争，另一方面主张合作共赢。我们不能单纯为了小范围的个人利益而相互争斗，我们应该为了大范围内的共同利益而合作。多帮助他人，才可能得到更多的帮助。

俗话说得好，“投之以桃，报之以李”，今天你帮助他人，他可能不会马上报答你，但他会记住你的好处，也许会在你不如意时给你以回报。退一万步来说，你帮助别人，他即使不会报答你的厚爱，但可以肯定的是，至少他日后不会做出对你不利的事情。如果大家都不做不利于你的事情，这不也是一种极大的帮助吗？

举个例子来说，中国人喜欢用筷子做餐具，用过筷子的人都知道，只有将两支独立的筷子放在一起才能夹起你想要吃的东西。这两支筷子也蕴含了一个道理，那就是和他人共赢会赢得更多。

曾经有一名商人在一团漆黑的路上小心翼翼地走着，心里懊悔自己出门时为什么没有带上照明的工具。忽然前面出现了一点光亮，并渐渐地靠近。灯光照亮了附近的路，商人走起路来也顺畅了。待到他走近灯光时，才发现那个提着灯笼走路的人竟然是一位盲人。

商人十分奇怪地问那位盲人：“你本人双目失明，灯笼对你一点用处也没有，你为什么要打灯笼呢？不怕浪费灯油吗？”

盲人听了他的问话后，慢条斯理地回答道：“我打灯笼并不是为给自己照路，而是因为在黑暗中行走，别人往往看不见我，我便很容易被人撞倒。而我提着灯笼走路，灯光虽不能帮我看清前面的路，却能让别人看见我。这样，我就不会被别人撞倒了。”

这位盲人用灯火为他人照亮了本是漆黑的路，为他人带来了方便，同时也因此保护了自己。正如印度谚语所说：“帮助你的兄弟划船过河吧！瞧，你自己不也过河了！”

全球化的发展，使得人们之间的共同利益越来越多，与别人合作共赢，会使自己更加成功。共赢是一种卓有远见和雄心的成功心态，也是新时代的要求。由于当代科学技术和社会的发展，对于一个立志开拓、希望获得成功的人来说，已经不仅仅需要个体的精进，还需要知识的高度集结作为成功的基石。

因此，你越是善于从群体中求知，越是不断地开拓新的求知领域，就越有益于人与人之间的优势互补，使你的智能结构更加完美，更富有应变能力，进而更能够应付变化繁复的社会发展和科学技术的发展。

你要想成为21世纪的高效能人才、未来的成功者，就一定要有共赢之心，这是时代的要求，更应为每一个欲成大事者所共识。

成功，从沟通开始

一个不善沟通的人是不会有良好的人际关系的，更不用说与别人合作，达到共赢、拥有成功的事业。从某一层面上来说，一个人沟通所能达到的程度决定了他事业的品质。

我们每个人都是一个独立的个体，每个人都有不同的观念，不同的文化背景，不同的价值观，甚至是不同的语言。

但在社会这个群体中，个体会聚集起来。一个人要把自己的想法向别人表达清楚就需要沟通，一个人要从别人那里得到什么，也需要沟通。

人和人之间存在着差异，就必然会有代沟。要想消除它，沟通是必不可少的。要拥有良好的沟通品质和沟通效果，最好遵循以下几个原则：

（1）多谈对方感兴趣的话题。

（2）多谈对方熟悉的事情。

（3）多谈对对方有利、有益的事情。

（4）多用推崇、赞美的语言。

（5）多听少说。80%用于听，20%用于说。

（6）多问少说。80%用于问，20%用于说。

（7）多谈轻松的话题。

由上我们可以看出，在沟通中，学会倾听是至关重要的。不同的倾听会带来不同的结果。

完全不用心的倾听。这种人心不在焉，只沉迷于自己的内心世界，这样就会产生很深的代沟，甚至无法抹去。

假装在倾听。这种人好像是在用身体语言倾听，有时还会复述别人的话来做回应，但实际上没有实质上的沟通。

选择性的倾听。这种人只沉迷于自己感兴趣的话题和自己关心的事情，虽然有所沟通，却容易产生歧义。

留意地倾听。这种人全心全意地凝神倾听，但他始终从自己的角度出发，看似沟通，实则从己方想对方，代沟没有完全消除。

同理心倾听。站在对方的角度倾听，实现了与人的同步理解沟通。

沟通并无好坏之分，唯有去考虑其优点和缺点，才能解决问题。

想要拥有同理心，同步是第一步。在实际的沟通中，彼此认同既是一种可以直达心灵的技巧，又是沟通的动机之一。这样，在认同这种态度上，外在技巧和内在动机就结合得比较完美。认同经由同步而来，沟通关系都是从同步开始跨出第一步的。并且，认同的目的几乎就是达到同步，这就形成了一个奇妙的过程：同步—认同—同步。

作为沟通的第一步，同步指的是沟通双方彼此经过协调后所形成的、有意要达到同样目标时所采取的相互呼应、步调一致的态度。它意味着沟通在经过彼此的默许和暗示之后正走在通向顺利的路上。

只有当沟通双方站在对方的角度看问题时，同步才会开始。这样，彼此都寻找到共同点。各种共同点综合起来，沟通的可行性就大了。所以说，要沟通就得寻求同步。

如此看来，如果想与人很好地沟通，就要做到同理心倾听，这样做，就能够实现真正的沟通，使合作无阻碍，为共赢铺平道路。在对与人倾听的几种层次区分之后，你就可能通过观察判断，采取相应的配合措施，从而达到与他人有同感。

有了同感就可以更加顺畅地沟通。这其中相当重要的是投其所好。站在对方的角度，发现对方的兴趣立场，“知己知彼，才能百战不殆”。

无论在哪种场合下与人交际，都可以通过很多渠道了解到对方的喜好。对他人喜好之物表示兴趣，可以顺利地找到沟通的共同点。

但要做好投其所好并不容易，这个问题不适合主动挑起，更多的是要暗示，因为不经意和他人的兴趣爱好相一致，更令他人兴奋。

如果主动挑起话题，往往达不到效果。比如说一个喜欢书法的人，你要是主动和他大谈特谈书法，他可能很厌烦，因为这方面他是专家，你所说的在他看来都不在点子上。如果你无意中表示出兴趣来，让他来谈论，你们的沟通就会很迅速地达到融洽。这种不经意地表达出和别人一样的兴趣爱好，往往会让别人主动趋近自己。

寻找对方的兴趣点，达到知己知彼，沟通才能够畅通无阻，没有代沟，使合作无间，携手共赢，走向成功之路。

用好你的诚信“信用卡”

梅耶·安塞姆是赫赫有名的罗特希尔德家族财团的创始人，18 世纪末他住在法兰克福著名的犹太人街道时，他的同胞们常常遭到残酷迫害。

虽然关押他们的房子的门已经被拿破仑推倒了，但此时他们仍然被要求在规定的时间回到家里，否则将被处以死刑。他们过着一种屈辱的生活，生命的尊严遭到践踏，所以，一般的犹太人在这种条件下很难诚实地生活。

但实践证明，安塞姆不是一个普通的犹太人，他开始在一个不起眼的角落里建立起了自己的事务所，并在上面悬挂了一个红盾。他将其称之为罗特希尔德，在德语中的意思就是“红盾”。他就在这里干起了借贷的生意，迈出了创办横跨欧陆的巨型银行集团的第一步。

当兰德格里夫·威廉被拿破仑从他在赫斯卡塞尔地区的地产上赶走的时候，他还拥有500万的银币。威廉把这些银币交给了安塞姆，并没有指望把它们要回来，因为他相信侵略者们肯定会把这些银币没收的。

但是，安塞姆这位犹太人非常聪明，他把钱埋在后花园里，等到敌人撤退以后，就以合适的利率把它们贷出去。

当威廉回来的时候，等待他的是令他喜出望外的好消息——安塞姆差遣他的大儿子把这笔钱连本带息送还了回来，并且还附了一张借贷的明细账目表。

在罗特希尔德这个家族的世世代代当中，没有一个家庭成员为家族诚实的名誉带来过一丝的污点，不管是在生活上还是在事业上。

如今，据估算，仅“罗特希尔德”这个品牌的价值就高达4亿美元。人与人在交往中，最害怕的便是别人的欺骗、不守信用，这样的人即使再有才干也会让别人远离他；而诚实的人，他的诚信会赢得别人的信任，为自己赢取一份良好的声誉。

诚信是一张信用卡，你积累的信用越多，从中取得的利益也就越多。

波士顿市长哈特先生说，他目睹了诚实和公平交易的深入人心，90%的成功生意人都是以正直诚实著称的，而那些不诚实的人的生意最终都走向了破产。

他说：“诚实是一条自然法则，违背它的人会得到报应，受到应有的惩罚，就像万有引力定律不可违背一样，诚实的定律也是不可违背的。违背的结果就是受到惩罚，不可逃脱的惩罚。或许他们可以暂时地逃避，最终却无法逃避公平。商人拥有顾客们所需要的东西，同时商人也需要顾客所拥有的东西。

“当交易发生的时候，如果双方都是诚实的，那么双方都会受益。对资本家和工人来说，诚实对双方都是有利的。如果资本家不能诚实地对待工人，那么资本家不会赢得利润；反之亦然。

“就像90%的成功人士的经验所证明的，这是一条在生活中的方方面面都行得通的法则。”

其实，不仅是生意往来，人和人任何一种交往，都缺不了诚信这张信用卡。

在所有的品质中，诚信是与人沟通合作最为关键的一条。越是诚实的人，就会吸引越多的合作伙伴。

而在现代社会中，诚信具有更重要的意义。人们之间的社会行为从功能上说，以合作活动和交换活动为主。无论是工厂、农村、机关、公司中，人们的工作都是以合作的方式进行，甚至在一个家庭中也少不了合作。交换与传递在合作中必不可少。

最典型的是在商业合作领域，买卖、委托、招聘、雇佣等，几乎每一种合作或交换都涉及守信、守约。在个人与个人之间、群体与群体之间体现了守信守约的多层次性。

现代社会，法律只能保证最低道德底线的诚信，一个人若想成功，只有靠长期的立诚守信行为才能建立起信誉。信誉本身是有价值的，它是一个人、一个企业的通行证、信用卡。处世讲求诚与信，是我们这个古老民族在现代社会的座右铭。

人们在相互交流沟通过程中，只有做到诚信，才能够心无芥蒂、无间合作。心往一处用，劲往一处使，大家都能够信任对方且全力以赴，就能够更快、更好地达到既定目标，甚至会有很多计划外的收益，取得更大的共赢效果。

能够达到共赢的人手中都有一张“信用卡”——以诚信处世。讲信义、重承诺，他们在平时便会收益不断，在危难之时就能获得别人的帮助。

完美合作的前提是感恩

万科老总王石说过："我的灵感来自团队。我给外界的错觉是因为个人能量非常大而成就了万科的今天。其实不是这样。我对万科的价值是选择了一个行业，树立了一个品牌，培养了一个团队。"后者的价值最大。的确，团队的力量是企业家最大的资本，聚集了一批优秀的职业经理人，富有激情的万科团队推动着万科与时俱进。

万科老总王石深知和团队并肩作战的重要性，而且承认万科能取得今天的成绩主要依靠团队的力量。但我们有不少员工并没有意识到团队合作的重要性，觉得自己无所不能，而完全忽略了与团队合作。

在动物界里，有一种特别注重团队作战的动物，那就是蚂蚁。让我们来听听蚂蚁自己是怎么说的：

我们蚂蚁过着群体生活，从蚁王到工蚁有明确的任务，没有等级特权、没有内耗，每个个体都自觉维护整个群体的利益。组织有序、分工明确、各司其职、忠于职守、坚忍不拔是我们组织的特色。

正是有了这种团结互助的蚂蚁文化，个体渺小的我们才能渡过一个个难关，顽强地生存下来，在地球的各个角落代代繁衍、连绵不断。

在非洲丛林中，号称"丛林之王"的狮子往往长期处于饥饿之中，为什么呢？原来狮子捕猎的时候都是独来独往，而丛林里另一种食肉动物——鬣狗，则是成群活动，大的鬣狗群有数百只，小的也有几十只，它们很少自己猎食，而是等狮子把猎物杀死以后，从这个丛林之王嘴里抢食！

虽然单个的鬣狗对于强大的狮子来说根本不值一提，但成群的鬣狗团结起来能让这个丛林之王却步——争夺的结果，往往是狮子在旁边看鬣狗分享自己辛苦狩猎的成果，等到鬣狗吃完了拣一些残羹冷炙聊以果腹。

蚂蚁、鬣狗合作中产生的1+1>2的力量令人称叹。不过，企业中同样存在像狮子一样的人，他们能力超群、才华横溢，自以为比任何人都强，他们藐视职场规则，不屑于同事的任何意见，甚至连上司的意见也置若罔闻，在以团队合作为主的企业里，他们几乎找不到一个可以合作的同事和朋友。

在工作中，我们要善于与每个团体成员进行有效的沟通，并保持密切的合作。而不是丢弃自己团队的荣誉感，追求个人的表现，打乱了团队工作的秩序。这样，才能够保证团队工作的精神不被破坏，也不会对自己的职业生涯造成致命的伤害。

阿邦是一家营销公司中数一数二的营销员。他所在的部门里，曾经因为团队协作的精神十分出众，而使每一个人的业务成绩都特别突出。

后来，这种和谐而又融洽的合作氛围被阿邦破坏了。

前一段时间，公司的高层把一项重要的项目安排给阿邦所在的部门，阿邦的主管反复斟酌考虑，犹豫不决，最终没有拿出一个可行的工作方案。而阿邦认为自己对这个项目有十分周详而容易操作的方案。为了表现自己，他没有与主管磋商，更没有向他贡献出自己的方案。而是越过他，直接向总经理说明自己愿意承担这项任务，并向他提出了可行性方案。

他的这种做法，不仅严重地伤害了自己与部门经理之间的感情，也破坏了团队精神。结果，当总经理安排他与部门经理共同操作这个项目时，两个人在工作上不能达成一致意见，产生了很大的分歧，导致团队内部出现了分裂，团队精神涣散。最终项目也在他们手中流产了。

所以说，一个人只有从团队的角度出发，考虑问题，才能获得团队与个人的双赢结果。而且很多时候，一个团队所能给予一个人的帮助，更多地在于精神方面。

一个积极向上的团队能够鼓舞每一个人的信心；一个充满斗志的团体能够激发每一个人的热情；一个时时创新的团队能够为每一个创

造力的延展提供足够的空间；一个协调一致，和睦融洽的团队能给每一位成员一份良好的感觉。

培养自己的团队协作精神吧，在团队中创造积极的氛围，让自己在团队中工作得更顺利，更融洽，才能创造更加美好的未来！

第九章

聪明大脑的 12 种思维训练

前提设防法

题目：一个人上午8点开车去某地办事，回来时原路返回，预计可以在正午之前赶回来。不料路上遇到了堵车，所以用了比预计长一倍的时间才到达目的地，之后他按计划的时间办完了事。

现在要问，如果他回来时开车的速度是去时的4倍，那么他可以在正午之前赶回来吗？

解析：有人会这样想，去时路上多花的时间，在回程中已经补了回来，这样的话，他花的时间跟原来一样，可以在正午时赶回来。但是如果你自己列出时间算一算，就会发现这种分析是错误的。试想，去时路上所用的时间就已经是预计来回时间的和了，等他办完事，时间就会到正午了。所以，无论他在回程中用多快的时速，都不可能在正午时返回。

之前之所以犯错，是因为忽略了具体的细节和数量分析。他给了我们一个教训：绝对不能想当然，一定要注重细节的分析。

颠倒解题法

题目：从前有一个农夫，死后留下一些牛。在他的遗嘱中有这样的话：我的妻子可以得到全部的牛的一半再加半头牛。然后，我的长子分得剩下的牛的总数的一半再加半头牛，他得到的应该是我妻子所得到的一半。我的次子要得到还剩下的牛的总数的一半再加半头牛，他得到的应是我长子的一半。我的女儿可以分得最后剩下的牛的数量的一半，她得到的应该是我次子的一半。

结果一头牛也没杀，正好全部分完。请问农夫到底留下多少头牛？

解析：解决这一类问题，很多人会使用假设分析法。先假设农夫留下了多少头牛，然后按照农夫在遗嘱中提到的分配方法去一一试验，看假设是否正确。这是一种很笨的方法，因为你不知道要试多少次才能找到正确的答案，要耗费大量的时间，十分烦琐。

这时不妨颠倒过来想，从这道题的最后一个数据，即农夫的女儿所得到的牛的数量入手，往回倒着算。

女儿得到的是剩下的牛的数量的一半再加半头，结果牛就正好被分完了。半数加半头，正好分完，那么细想一下，女儿得到的牛的数量只有一种可能，那就是1头。往回推，女儿得到的是次子的一半，那么，次子得到2头牛。依次类推，我们可以得出，长子得到4头牛，妻子得到8头牛。那么农夫留下的牛就有1+2+4+8=15（头）。

这样倒过来想，解决问题就变得简单多了。

斜面思考法

题目：有一个容积为500毫升的咖啡杯，不借助其他量具，怎样才能用它量出250毫升的咖啡？

解析：将咖啡杯倾斜45°，倒出的咖啡正好是总容量的一半。对于这个问题，人们倾向于从水平的角度来考虑，这样是不能解决问题的。我们要打破习惯思维的束缚，培养倾斜思考法，从多个维度去寻找解决问题的方法。

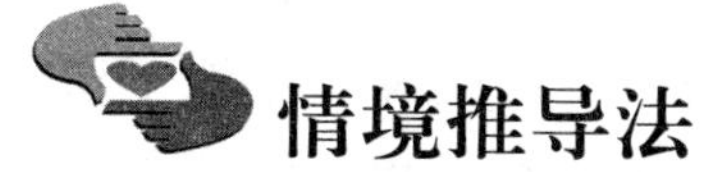

情境推导法

题目：轮船的船舷侧面挂着一条绳梯，有1丈露在海面上，潮水每小时上涨6寸，过多长时间后，绳梯会有7尺露在海面上？

解析：你可能已经利用你的数学知识算了出来，5小时后绳梯只有7尺露在海面上。错了！你忘了水涨船高这个常识吗？

为什么我们会产生这样的错误？这是因为我们把自己的注意力集中在了“多长时间后”，而没有去想绳梯会不会只有7尺露在海面上。问题中的这些丈啊、尺啊、寸啊的数字引导着你去一门心思地进行单位的换算，然后仔细地计算。这种“计算”的心理倾向吸引了我们全部的注意力，以至于我们没有心思去考虑隐藏在题目背后的常识——船会随着水的涨高而升高。这个题目提醒我们，必须注意那些隐蔽着的情境的变化。

换位思考法

题目：有这样一个关于幼年铁木真的故事：为了庆祝一次大胜仗，铁木真的父亲组织了一场特殊而有趣的赛马大会——最后到达终点的骑士就是赢家，而对输家的惩罚是把自己的马献出来。结果骑手们都拼命地比慢，一个个磨磨蹭蹭，直到天黑都结束不了比赛。铁木真的父亲有些后悔了，但又没办法，只能坐在那里等比赛结束。

这时，铁木真想出了一个法子，悄悄告诉了父亲，父亲依他的办法，使比赛很快地结束了。你知道铁木真提出了一个什么点子吗？

解析：铁木真的方法是让骑手们互换坐骑。因为骑的是别人的马，所以每个骑手都希望输掉比赛，这样献出去的马就是别人的。因此，他们个个争先恐后，比赛很快就结束了。

铁木真的聪明之处在于，他设身处地了解了骑手们的想法，通过调换他们的坐骑，调换了他们的想法，从而让他们从比谁更慢到比谁更快，很快就结束了游戏。

换位思维，是解决这道题的关键。

旋转思维法

题目：一个剧院有幸邀请到了3个著名的戏剧演员同台演出，大事宣传，吸引了很多观众。但是，就在演出的前一天，3个演员却提出了一样的要求：必须把自己的名字写在海报的头一位，否则就拒绝登台。

3个人的名字怎么能同时出现在海报的第一位呢？剧院经理十分着急：把其中任何一个人的名字写在第一位，都会得罪其他两个人而拒绝登台。但是宣传都已经做了，3个人不同台演出，会导致观众的不满，等于是自毁招牌。两面的为难让剧院经理一筹莫展，这时，一个聪明的下属提出了一个办法。剧院经理按他的方法去做，结果3个演员都很满意地参加了演出。

你知道他用的是什么方法吗？

解析：剧院经理没有运用以前传统的那种一张大纸的海报，而是用一个可以不断转动的灯笼来做宣传“海报”，灯笼上3个演员的名字不断地转圈出现，没有谁先谁后之分，谁都可以认为自己是排在第一位的。

抛弃了常规的方法，剧院经理将平面的海报变成了立体的灯笼状，使看似无法解决的问题轻而易举地就被化解了。这是一种旋转思维的思考方式。

交替推理法

题目：有3个一模一样的盒子A、B、C，每个盒子里放着两颗球：A盒里放着一颗白球一颗黑球，B盒里放着两颗白球，C盒里放着两颗黑球。3 个盒子外面都贴着一个标签，分别写着“黑白”“白白”“黑黑”的字样。但是，由于贴标签的人的大意，把标签全贴错了，这些标签都与盒子里所装的球的颜色不符。

如果只允许你从一个盒子里取出一颗球，推断出这个盒子里另外一个球的颜色，然后根据这个盒子里的球的颜色，推断出其他两个盒子里的球的颜色，你该从哪只盒子里挑一颗球出来呢？又要怎么推断呢?

解析：应该从贴有“黑白”标签的盒子里取出一颗球，进行推理。

做这道题时，我们要交替使用选言推理和假言推理，才能得出结论。既然每个标签都是不符的，那么贴有“黑白”标签的盒子里装的就不是一颗黑球和一颗白球，而只能是两颗黑球或两颗白球。这里运用的，就是逻辑形式上叫作选言推理的否定肯定式。

如果从贴有“黑白”标签的盒子里取出的球是白色的，那么盒子里的另一颗球也必然是白色的。这里运用的又是充分条件的肯定前件式的假言推理。接着，我们可以进一步推理，贴有“白白”标签的盒子里装的是两颗黑球，而在贴有“黑黑”标签的盒子里装的是一颗白球和一颗黑球。这里用的是否定肯定式的选言推理。

如果我们不从贴有“黑白”标签的盒子里选一颗球开始，那么接下来的判断和推理就无法进行。例如，如果我们从贴有“白白”标签的盒子里取出一颗黑球，我们还是无法判断这个盒子里装的到底是两颗黑球，还是一颗白球一颗黑球。这样，进一步推理也就无法进行。

滚动思考法

题目：一个烟鬼可以用 3 个烟头卷成一支香烟，一天深夜，烟都吸光了，只剩下 7 个烟头，问他还可以卷几支烟?

解析：7/3 =2……1，一般人都会认为他还可以卷两支烟，剩一个烟头。实际上，他能卷 3 支烟，因为先卷好的两支烟吸完后，还可以产生两个烟头。回答这个问题，最难的地方在于，你要想到“烟头的烟头”，在习惯的思维里，滚动思考这方面是一个空白。要想有效地解决问题，就得学会打破传统思维，掌握滚动思考法。

添加发散法

题目：一个杯子里装满了水，怎样才能在不倾斜杯子或打破杯子的情况下取出杯子里全部的水？

解析：这是德·波诺博士在开发发散性思维领域中的一个著名问题。解决的方法有很多，不胜枚举。例如：

（1）将水杯置于热源上，使水沸腾蒸发掉；

（2）使用吸水的材料，如海绵或布料，将水吸出来；

（3）用吸管把水吸出来；

（4）使水结冰，然后将冰块取出来；

（5）用离心力使杯子转起来，将水甩出；

（6）向杯中添加石子儿或其他东西，让水溢出来；

（7）利用虹吸原理，使水自己流出来；

……

以上所有的方法都是利用其他物体来除去杯中的水，这都是添加思维发散法的运用。

迭加思维法

题目：桌上有 3 个碗和 20 颗豆子，要求把豆子装入碗里，使每个碗里的豆子都是单数，问要怎么放？

解析：不可能吧！20颗豆子是双数，3个碗是单数，如果在3个碗中装入的豆子数都是单数，那么其加起来也是单数，不可能是20颗。

如果这样想的话就表明你的思路已经被堵了：你认为这3个碗理所应当并排放在桌子上。但是，题目中没有这样的说法。这种“理所应当”的想法只会成为我们创新思维的障碍。我们不能将这种平常的思维法套在自己脑袋上，我们需要进行创新思维。在做题前，对自己的大脑进行一下检查，是不是有一种思维定式的存在束缚了我们的创新思维？一旦打破了这个思维定式，解决问题的方法就有了。

我们不把3个碗并列地排放，而是把其中一个碗叠放在另一个碗之上，然后在两边的碗中各放入单数的豆子。既然两个碗叠放在一起，那么放到上面那个碗里也就是放在下面那个碗里了，这也是放到了3个碗里呀！

这个问题启示我们：思考创新的问题时，要排除我们头脑中一些想当然的主观判定，不要觉得有些事情是“理所应当”。

假言判断法

你遇到过这样的脑筋急转弯题目吗？

1加1在什么情况下不等于2？

答案不是“在喝醉了的情况下”或者别的之类，这是要求从逻辑的角度来回答。

解析：答案是：“如果2加3不等于5，那么1加1不等于2。”这是一个充分条件假言判断。

我们在数学里学过，一个命题的形式是“如果A，则B”，A是条件，B是结果。假设A是B的充分条件，那么判断这个命题的真假有以下几种情况：①A假，B假，命题为真；②A假，B真，命题为假；③A真，B假，命题为假；④A真，B真，命题为真。

这道题中，1加1不等于2这个结论是假的，如果要让这个命题成为真命题，就必须要为它设置一个假的充分条件。因此，我们可以说“如果2加3不等于5，那么1加1不等于2”，充分条件“2加3不等于5”为假，结论“1加1不等于2”也为假，那么这个命题是一个真命题。同样，我们也可以把它的充分条件设置为“2加2不等于4”“1加4不等于5”等任何一个假条件。

类似的一些测试题也可以采用相同的方法来处理，借助假言判断法，我们可以解决很多问题本身不可能成立的题目。

排除干扰法

题目：一个人用600元买了一匹马，然后以700元卖了出去；过了几天，他又用800元将这匹马买了回来，然后再以900元卖了出去。问在这一系列交易中，他共赚了多少钱。

解析：对于这个问题，人们有不同的答案，有人说赚了100元，有人说赚了200元，还有人说赚了300元。可以看出这个问题是有一定的复杂性的。但是，换一种方法来问：“一个人用600元买了一匹马，然后以700元卖了出去；过了几天，他又用800元买了一头牛，然后以900元卖了出去。问在这一系列交易中，他共赚了多少钱。”这次，答案似乎十分明了：“他赚了200元。”

实际上，这是一样的问题的两种说法，在算数上都是一样的计算方法。前面一种问法里，“又用800元买了回来”这样的表达，造成了盈亏相抵的错觉，阻碍了人们的正常思维和问题的顺利解决。

现实生活中，经常会有这种多余的干扰，构成了表面现象的复杂性，使人们不能顺利地解决问题。因此，当我们遇到这类问题时，需要把问题中的各种因素重新整理，化繁为简，排除多余的干扰，这样就可以让我们解决问题的思路更加清晰了。